민간인을 위한
전쟁대비행동매뉴얼

민간인을 위한 전쟁대비행동매뉴얼

민간인을 위한

전쟁대비행동매뉴얼

(주)S&T OUTCOMES · 가와구치 타쿠 공저

이범천 감역

황명희 옮김

BM (주)도서출판 성안당

시작하며

　나는 이 책의 공동 저자이지만, 사실 한 번도 전장에 몸담았던 적이 없다. 그럼에도 불구하고 10년이 넘는 시간 동안 위험관리와 서바이벌 강사로 많은 군인들과 일을 해왔다. 그들은 평화 유지 활동 수행을 위해 이른바 실전지로 향한다. 나 같은 아마추어가 어떻게 전문 군인들과 함께 위기관리를 연구할 수 있었을까?

　일반인들에게 위기관리는 아마 꽤 전문적인 용어로 들릴 것이다. 전문기술과 어려운 지식을 요구하며 일반인들이 취급할 수 있는 일은 아니라는 선입견이 있을 것이다. 하지만 제대로 효과를 발휘하는(기능하는) 위기관리 기술이라는 것은 매우 심플하고 손쉬운 것이 아니면 안 된다. 전문적이고 복잡한 것은 겉으로는 좋아 보여도 머리와 몸이 따라가지 못하는 형태로 완성되는 경향이 있다. 반면 누구나 할 수 있는 간단한 위기관리 기술은 생동감 있고 어렵지 않다. 우리가 군 종사자들과 공유하고 탐구해 온 것이 바로 그런 위기관리 기술이다. 누구나 할 수 있기 때문에 실전 경험이 없는 나도 수행이 가능하다.

위기관리라는 것은 결코 어렵지 않기 때문에 일반인이 실천해야 한다는 것이 우리의 이념이다.

이 책의 주제인 전쟁에 국한하지 않고 재해가 일어나거나 숲에서 길을 잃었을 때 등 다양한 위기에 직면하면 일반인은 구조대의 구조에 의존한다. 위험에 직면한 직후 곧바로 운 좋게 구조되는 경우도 있을 것이다. 그런데 대부분 구조되기까지 자신에게 닥친 상황을 헤쳐 나가야 한다.

당신에게 위기관리 노하우가 없다면 어쩔 수 없이 모든 것을 운에 맡겨야 한다. 하지만 운에 맡기는 상황만큼 불안하고 무서운 것은 없다.

자신이 느끼는 공포가 오직 운에 맡겨져 어떻게 될지 알 수 없기 때문이다. 어떤 일이 닥칠지 모르니 어떤 마음가짐을 가져야 할지도 모르고 대처법도 알 리가 없다. 게다가 여기서 악순환이 발생한다. 무서움에 직면하고 싶지 않은 일종의 본능적인 마음에 문제를 회피한다. 그 사이에 두려워하는 일이 벌어지고 만다. 이것이 최악의 패턴이다.

위기관리 계획을 세우는 단계의 첫 걸음, 그것은 바로 자신에게 어떤 위험이 닥칠지를 파악하는 것이다. 처음에는 그 사실에 직면하는 것 자체가 두려울지도 모른다. 하지만 위기관리 계획을 세우고 계획이 구체화될수록 그 위험이 어떤 것인지 이미지화할 수 있다. 공포심은 결코 없어지는 것은 아니지만 감정의 질은 분명히 달라진다. 대처법을 알 수 있다면 위험을 제대로 마주하고 싸울 준비를 할 수 있다.

또한 위기관리라는 것은 내 안에서 생겨난 것일수록 훌륭히 기능한다. 기성품이 아닌 본인 맞춤형으로 제작된 것일수록 생생하다. 실전 경험이 없는 우리가 전문 군인들과 공유하는 것이 바로 이런 노하우다. 본인 맞춤형 위기관리기술을 구성하는 방법을 현S&T 대원의 실제 경험과 노하우를 섞어 구성했다. 그것을 바탕으로 해외근무지로 향하는 각 대원들이 본인 맞춤형 위기관리지표와 행동계획을 만들어냈다. 그리고 그것은 현지에서 훌륭하게 쓰였다.

우리가 당장 전쟁에 직면할 가능성은 낮다. 그리고 우리 대부분은 전쟁의 공포가 무엇인지 모르고 대처법도 잘 알지 못한다.

전쟁 위기관리는 정체를 전혀 모르는 전쟁을 이미지화하는 것에서부터 시작한다. 그것이 이 책의 역할이다. 그리고 전쟁에 관한 정보가 무기질인 것에 끝나지 않도록 때로는 대담한 가설을 세우고 그 스토리와 시나리오를 쉽게 이미지화했다.

　읽고 있는 여러분이 '만약 나라면?'이라고 감정이입할 수 있도록 소설 느낌으로 예상할 수 있는 설정 범위 내에서 드라마틱하고 충격적인 시나리오를 제시한다. 이 책을 읽고 가벼운 마음으로 전쟁 위기관리에 한 걸음 더 가까워지기를 바란다.

2019년 5월 22일
가와구치 타쿠

※ 이 책은 특정 국가가 아닌 가상의 전쟁 상황을 설정한 서바이벌 매뉴얼이다. 단, 특정 국가를 예로 들어 언급한 부분은 내용을 보충하기 위함이다.

STAGE 3

개전 ⋯⋯⋯⋯⋯⋯⋯⋯⋯⋯⋯⋯⋯⋯⋯ 069

STAGE 4

점령 129

전장에서 살아남는 기술

개
전
전

1

개전! 무슨 일이 일어나는가

| 현실적인 개전 |

전쟁은 언제 일어날지 모른다. 인류의 역사를 보면 오히려 전쟁이 일어나지 않은 경우가 적을 정도이고 가깝게는 제2차 세계대전이 끝난 후 아직 100년도 지나지 않았다. 미국, 러시아, 영국, 프랑스, 이탈리아, 독일 등 전 세계 주요 국가들이 참가하여 서로 죽고 죽이던 역사는 생각만큼 오래된 일이 아니다.

영토 분쟁, 종교 차이, 경제 압력, 자원 고갈, 식량 부족 등 전쟁의 불씨는 여전히 살아 있으며 실제로 세계 어디선가 항상 전쟁이 벌어지고 있다. 운 좋게 내가 사는 나라에 전쟁이 일어나지 않은 것뿐이고 앞

인류 역사는 전쟁의 역사라고 해도 과언이
아니지만, 이 말의 사실 여부는 상관없다.
문제는 어떻게 살아남느냐다.

으로 전쟁이 일어나지 않는다고 단언할 수도 없다.

어느 날 갑자기 다른 나라로부터 미사일이 날아올 수도, 도심 한복
판에서 폭탄이 폭발할 수도 있다. 중요한 것은 내일 당장 전쟁이 일어
나면 가족 또는 지인과 함께 살아남기 위해 어떤 행동을 해야 할지, 그
리고 그것을 위해 어떤 준비를 해두어야 할지를 아는 것이다.

준비의 첫 걸음은 전쟁은 내일이라도 일어날 수 있다는 인식에서 부
터 시작한다. 정말 전쟁이 일어날지 아닐지에 대한 논의는 필요없다.
전쟁이 일어날 수 있다는 가정이 다음의 행동을 낳는다.

전쟁 시 예상되는 시나리오

전쟁이 일어나면 어떤 일이 일어날까. 분명 처음에는 '갑자기'이다. 어느 날 갑자기 핵폭탄 또는 고성능 폭약을 실은 탄도 미사일이 날아온다. 스마트폰이나 PC에서 경보음이 울리고 미사일 습격을 알리는 방송이 온 나라에 울린다. 그리고 미사일 몇 발을 맞은 후 큰 피해를 입는다. 또는 국내에서 테러 행위가 속속 발생할지도 모른다. 폭탄과 생물무기, 화학무기 등이 사용되어 사람들이 두려움에 떤다. 그리고 그 혼란을 틈타 몰래 육상부대가 상륙하고 국내를 제압한다.

미사일이나 폭격으로 국내 무력을 어느 정도 제거한 뒤 많은 인원의 상륙부대가 온다. 함선이 근해를 메운 뒤 무장한 군인들이 상륙정을 타고 속속 육지로 올라올 것이다. 그리곤 자국의 군대와 전투 상태에 들어간다. 총성과 포탄 소리가 일상이 되고 거리를 걷는 것조차 위험해진다. 적국으로부터 완전히 점령당할 수도 있다. 그렇게 되면 포로가 되어 가족과 헤어지고 수용소에 잡혀 들어갈 수도 있고 계엄령이 발령되어 가택연금이 될 수도 있다. 최악의 경우는 학살이다.

적국의 병사들이 속속 상륙해 오는 모습은 공포 그 자체다. 그리고 무슨 일이 일어날지 아무도 모른다.

| 공격 이외의 문제 |

무력에 의한 위협 외에도 다른 문제가 발생한다. 우선 수도와 전기, 가스 등 생활 인프라는 적국의 공격에 의해 파괴되거나 또는 게릴라 공작에 의한 독극물에 오염되어 사용할 수 없게 될 수도 있다. 적국에 완전히 제압되면 인터넷이나 전화 등 통신수단도 사용할 수 없다.

그리고 식량이나 기름 부족을 우려하여 많은 사람들이 사재기를 하게 된다. 물자 부족 사태가 빚어질 것은 틀림없다. 또한 이런 혼란을 틈타 약탈과 강도 행각을 벌이는 사람도 어디든 반드시 있다. 이런 범죄에 휘말리지 않도록 충분히 주의할 필요가 있다.

생활 인프라 정지

적은 발전소와 통신시설을 먼저 공격한다는 것을 염두해야 한다. 또한 수돗물을 독극물로 오염시키는 게릴라 공격이 있을 수도 있다.

사재기와 공급 부족으로 인한 생필품 부족

어떻게 될지 모른다는 두려움에 사재기를 하려는 사람도 많을 것이다. 이로 인해 생필품이
부족해진다.

약탈과 강도 등 범죄의 증가

틀림없이 상점을 터는 약탈 행위와 강도 등의 범죄가 증가할 것이다. 가급적이면 외출은
하지 말고 위험한 지역은 피하는 등 범죄에 휘말리지 않도록 주의한다.

개전 전에 준비해야 할 것

| 전쟁의 징후를 감지한다 |

언제 전쟁이 일어날지를 정확하게 알아맞히는 것은 어렵다. 하지만 원인 없이 일어나는 전쟁은 없다. 그 전에 분명 조짐이 있을 것이다. 가장 알기 쉬운 것은 이웃나라와의 관계 악화, 역사적 인식과 종교관의 차이에 의한 분쟁, 영토 분쟁 등이 확대되는 경우다. 이런 경우 전쟁으로 발전할 가능성이 있다. 만약 테러 사건이 증가한다면 그것을 개전 신호로 읽을 수 있다. 개인에 의한 테러리즘과는 다르겠지만 조직적인 테러라면 어느 국가나 단체가 전쟁을 걸어오기 전의 상황일지도 모른다. 더불어 이웃나라가 전쟁 상태가 되었을 때, 그 싸움에 휘말리게 되는 지리적 리스크에 대해서도 인식해둬야 한다.

외국 기업이나 대사관 직원이 철수하기 시작하면 확실히 심상치 않다고 볼 수 있다. 철수한다는 것은 거기에 있으면 위험하다는 정보가 입수되었다는 증거이다. 평소에 관련 뉴스를 체크하고 전쟁 신호를 놓치지 않도록 한다.

> 전쟁이 일어날 조짐을 찾아내기 위해서는 평소에 국내외 정세에 관심을 갖고 뉴스에 귀 기울일 필요가 있다.

경호의 경우

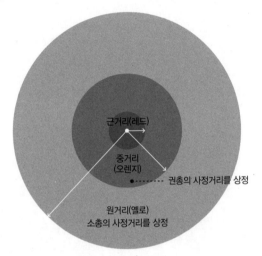

근거리(레드)

중거리
(오렌지)

·······● 권총의 사정거리를 상정

원거리(옐로)
소총의 사정거리를 상정

　자신과 가족에게 다가올 위험성이 있는 위협을 알기 쉽게 정리한 공
개 보안 범위라는 것이 있다.

　이것은 원래 경호 활동에 사용되는 개념으로, 지켜야 할 것들을 중
심으로 원을 그려서 안전한 범위를 블루, 중간 정도 위험 범위를 오렌
지와 옐로, 위험 범위를 레드로 위험도를 나누어, 경호에 해당되는 사
람 전원이 무엇이 위험한지를 공유하기 위한 것. 예를 들어 블루는 소
총도 닿지 않는 거리, 오렌지는 권총이 닿는 거리, 레드는 직접 닿는 거
리로 구분하고, 상황에 따라서는 각각의 원을 좁히거나 확대하기도

범죄에 대처하는 경우

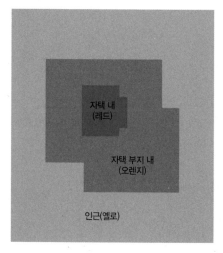

자택 내
(레드)

자택 부지 내
(오렌지)

인근(옐로)

가능한 위험을 정리한다

오픈 보안 서클은 다가오는 위험을 정리하고 대처법을 공유하기 위한 것. 평소 이것을 인지하고만 있어도 만일의 경우 당황하지 않고 대처하는 힘이 된다.

한다. 또한 중심의 지켜야 할 존재가 움직이면 원도 그대로 이동하게 된다.

　이것을 가정과 자신의 상황에 맞게 대체한다. 예를 들어 집안이 레드, 부지 안이 오렌지, 인근이 옐로라는 식으로 구분한다. 또한 실질적인 거리가 아니라, 이런 사건이 일어나면 옐로, 이런 사건이 일어나면 레드와 같이 위협의 종류에 따라 색으로 구분할 수 있다. 중요한 것은 이것이 일어나면 얼마나 위험한 것인가 하는 경계 스위치와 이것이 일어나면 어떻게 할 것인가 하는 대처법을 영역별로 가족과 공유한다. 그러기 위해서라도 평소에 자신의 생활권에서 어떤 위험이 도사리고 있는지를 정리해두는 습관을 가져야 한다.

| 전쟁 지도 제작 |

전쟁이 일어났을 때를 대비해 반드시 만들어둬야 할 것이 전쟁 지도이다. 집과 회사 주변으로 전쟁이 일어났을 때 어디가 위험한지 또 어디가 안전한지 미리 조사해서 정리해둔다.

먼저 지도에는 폭격이나 탄도 미사일 경보가 울릴 때 도망갈 장소와 그곳까지의 경로 또는 빌딩 아래처럼 가면 안 되는 장소(74쪽 참고) 등을 미리 조사하여 적어둔다. 대피할 수 있는 장소는 다른 방향으로 여러 곳을 준비한다.

인프라 시설과 정치시설 등 인근에서 공격받을 수 있는 장소도 알아둔다. 더불어 다쳤을 때 치료받을 수 있는 병원, 물을 얻을 수 있는 공

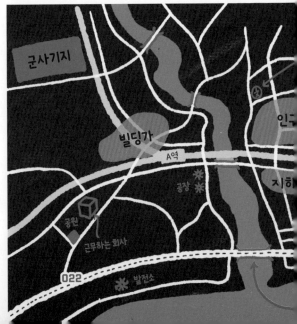

지도를 만들어서 자신의 생활권에 무엇이 있는지 꼼꼼히 정리할 필요가 있다.

원, 다음 페이지에 나오는 가족과의 집합 장소 등 필요하다고 생각되는 시설이나 장소를 기입한다. 또한 가족이 다니는 학교나 회사 등을 알 수 있도록 표시해 놓으면 좋다. 전철이나 버스 등 교통수단을 사용할 수 없을 가능성도 크기 때문에 지도는 도보로 이동하는 것을 전제로 작성한다.

이렇게 전쟁이 일어났을 때 어디가 위험하고 어디가 위험하지 않은지, 결정한 장소까지 어떻게 도착할지를 정리해두면 만일의 경우에 당황하지 않고 순조롭게 대처할 수 있을 것이다. 지도가 PC에 저장되어 있을 경우 데이터가 파손되어 볼 수 없기 때문에 종이를 사용하거나 인쇄해둬야 한다.

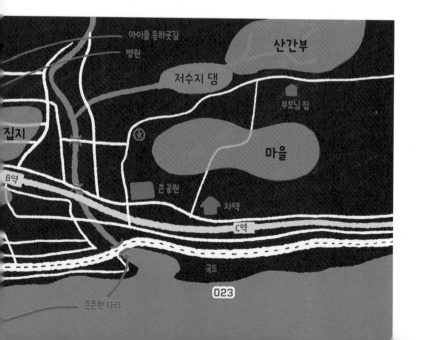

| 집합 장소 설정 |

폭격이 있거나 전쟁이 시작되었을 때 가족 모두가 각자 다른 장소에 있을지도 모른다. 집으로 모일 수 있다면 좋겠지만 집이 붕괴되거나 화재 등 피해를 당해 접근할 수 없게 되면 가족이 뿔뿔이 흩어질 수밖에 없다. 그럴 때 휴대전화를 사용할 수 없을 가능성도 높기 때문에 집합 장소(랑데부 포인트)를 미리 정해둬야 한다.

실제로 미사일 공격과 폭격을 받는다면 도시가 어떤 상태가 될지 상상하기 어렵다. 항상 다니던 길이 파편 투성이가 되어 지나가지 못할 수도 있고 정해둔 장소가 파괴될 수도 있다. 따라서 장소는 최소 3곳을 준비해두자. 혼란스러운 상태이기 때문에 정원 나무 앞에서 모인다와 같은 식으로 가능한 한 구체적인 지점으로 정해두는 편이 좋다. 공습 후 양상이 크게 변화하기 때문에 의미 있는 장소를 선택하는 것도 중요하다. 집합 장소는 공격을 받을 만한 시설에서 떨어진 장소를 선택하는 것이 좋으며, 몸을 숨길 수 있는 곳이 이상적이다.

튼튼한 콘크리트 벽이 있는 시설이나 숲속의 움막도 좋다. 여러 유형의 포인트를 준비해두면 상황에 맞게 활용할 수 있다. 이 모든 정보는 반드시 가족 모두와 공유해야 한다.

집합 장소는 공격 가능성이 낮은 곳으로,
제3포인트까지 정해둔다

생필품이 비축되어 있는
자택이 제1포인트이다.
집합 장소에 며칠 머물게 될
수도 있기 때문에 안정되고
비축이 준비된 시설이나
장소를 선택한다.

주민센터의 재난 대비 물품

주민센터의 게시판 앞

| 재난 대비 물품을 확인한다 |

일단 전쟁이 일어나면 유통에 차질이 생겨 생필품과 식량이 부족해진다. 그럴 때 당황하지 않도록 평소 집에 적어도 3일분의 식량과 물 등을 비축해둔다. 알레르기가 있거나 가족 중 어린아이와 노인이 있다면 가정마다 필요한 물품이 다르기 때문에 가족의 라이프스타일에 맞는 필요한 물건이 무엇인지 생각해둔다. 이는 지진 등의 재해 시에도 반드시 도움이 된다.

또한 대피할 때 필요한 물건을 넣어 두는 생존가방도 반드시 준비해야 한다. 생존가방 내용물에 대해서는 다음 페이지에서 보다 자세히 설명하기로 한다.

가족 단위로 생각한다

무엇을 비축할지는 가정의 라이프스타일에 따라 다르다. 자신의 가족에게 필요한 것은 무엇인지 생각해본다.

생존가방 내용물의 예

카테고리	준비할 것
기본적인 생존용품	나이프(멀티툴)
	노끈 등 가는 로프
	헤드라이트, 손전등
	지도
	나침반
	펜과 메모장
쉼터가 되는 것	텐트와 타프
	비상 시트
	방수 시트
	침낭
	소형 방한복(다운재킷 등)
	우비
물을 담을 물건	물병
	냄비
	휴대용 정수기
불을 피우는 물건	성냥 · 라이터
	가스버너
비상식량	고칼로리 단백질 바
	비타민
	견과류, 건조식품 등
	각종 칼
	조미료
위생용품	칫솔
	거즈
	반창고, 붕대, 소독약, 지혈대 등 의약품
	반다나, 삼각건
	마스크
여유가 있으면 갖추고 싶은 것	낚시도구
	침낭용 매트
	갈아입을 옷
	라디오
신호 도구	호루라기
	거울

| 생존가방(버그아웃백)을 준비한다 |

생존가방은 이른바 비상물품 가방이다. 귀중품이나 신분증밖에 없는 상태에서 최소 3일 동안 살 수 있는 장비를 넣어 즉시 꺼낼 수 있는 장소에 놓아둔다.

가족 모두가 항상 집에 있지는 않기 때문에 생존가방 수량은 1인당 한 개가 이상적이다. 집으로부터 탈출 경로가 제한될 수 있으므로 머리맡이나 현관, 주방문, 방 등 여러 장소에 놓아두면 좋다. 생존가방의 내용물을 크게 분류하면 '생존용품' '쉼터가 될 수 있는 것' '물을 담을 수 있는 것' '불을 켤 수 있는 것' '비상식량' '위생용품'이다. 들고 다닐 양은 많지 않아야 하기 때문에 가능한 한 작고 다용도로 사용할 수 있

비상시 갖고 나와야 할 생존가방

비상시 바로 도망쳐야 할 때 필요한 물건을 담은 생존가방을 준비하자. 생존가방은 가족 한 사람당 하나씩이 이상적이고 집이나 차 등 여러 곳에 준비해두면 더욱 좋다. 직장에도 하나쯤 준비해둬야 한다.

생존가방의 내용물 ❶ | 기본적인 생존용품

나이프

다양한 도구가 달린 멀티툴도 좋다. 나이프는 무기로도 사용할 수 있다.

로프

튼튼한 것으로 준비한다. 대피소, 들것을 만드는 등 여러 가지로 도움이 된다.

헤드라이트

등산이나 낚시용과 같은 소형으로 준비한다. 여분의 배터리도 챙긴다.

나침반과 지도

나침반을 사용하여 지도를 읽는 방법은 꼭 익혀둔다.

호루라기

비상시에 자신의 존재를 알릴 수 있는 도구를 목에 걸어두면 좋다.

펜과 메모장

계획을 정리하는 데 도움이 되며 메모를 남길 수도 있다.

비상 시트

얇지만 보온 효과가 높은 비상 시트. 작게 접을 수 있다.

텐트와 타프

등산용 텐트나 타프는 가볍고 작아서 휴대하기 편리하다.

는 아이템을 선택하는 것이 요령이다. 예를 들어 천 한 장을 붕대와 마스크 두 가지 용도로 사용할 수 있다. 또한 화학무기, 생물무기, 핵무기의 경우를 대비해 피부 노출을 최대한 줄일 수 있는 모자와 고글, 마스크, 장갑 등도 넣어두면 좋다.

실제 생존 상황에서 생명을 위협하는 첫 번째 요소는 체온 저하다. 따라서 야외에 던져졌을 때 생존을 위해 먼저 생각해야 할 것은 체온 유지이다. 이를 위해 타프나 텐트, 비상 시트, 다운재킷 등 쉼터가 되어주는 것이 필요하다.

한기는 땅 아래에서 올라오기 때문에 지면에 캠프용 매트나 담요를

생존가방의 내용물 ❸ | 물을 담을 물건

냄비

자비소독*을 위해 있으면 좋다. 물론 요리를 하는 데에도 도움이 된다.

*끓는 물속에 넣어 소독하는 방법

휴대용 정수기

수도를 사용하지 못할 수도 있다. 아웃도어용 이 좋다.

깔기만 해도 추위를 막는 데 상당히 도움이 된다. 잠자기도 편하기 때문에 꼭 준비해야 한다. 마트나 편의점에서 판매하는 은박돗자리도 상관없다. 체온 유지가 해결됐다면 그 다음 문제는 물이다. 사람은 물 없이 72시간은 살 수 있다고 하지만 땀을 많이 흘리면 그만큼 수분도 손실되기 때문에 물은 충분히 준비해둬야 한다.

　수도나 우물이 가까이 있으면 괜찮지만, 강물밖에 구할 수 없다면 끓여서 써야 한다. 시중에서 판매하는 작고 성능이 좋은 휴대용 정수기를 구입해서 생존가방에 넣어두면 된다.

　또한 등산용 가스버너를 넣어두면 자비소독도 간단히 할 수 있다.

비상식량

단백질 바

가방을 열어 바로 먹을 수 있고 냄새도 나지 않아 적합하다.

비타민제

스트레스에 의해 비타민B₁과 비타민C가 소모되기 쉬우므로 보조식품으로 보충하는 것이 좋다.

가스통은 부피가 조금 크지만 즉시 점화되고 화염이 눈에 띄지 않아 전장에서 쉽게 사용할 수 있다.

나이프나 로프 등의 생존용품은 야외 활동에 익숙한 사람에게는 매우 든든한 물건이다. 야외 활동의 달인이라면 나이프만 있어도 어떻게든 해결할 수 있을 것이다.

반면 익숙하지 않은 사람에게 나이프나 로프는 무용지물일 수밖에 없다. 하지만 나이프는 쉼터를 만들거나 불을 지필 때 유용하게 쓰이니 평소에 사용법을 꼭 알아두자.

집을 피해서 야외에서 생활하려면 야외 활동에 필요한 기술을 꼭 익

생존가방의 내용물 ❺ | 위생용품

응급처치 킷

지혈용품 외에도 반창고, 붕대, 소독약, 상비
약도 잊지 말자.

마스크

방사성 물질이나 화학물질로 오염된 분진을
흡입하지 않도록.

혀야 한다.

식료품은 휴대하기 쉽고 영양가가 높은 것이 가장 좋다. 열량이 높
은 단백질 바나 견과류, 말린 과일 등이 좋다. 그러나 물이 없는 상태에
서 음식만 섭취하면 몸 속 수분이 소화를 시키기 위해 소모되므로 좋
지 않다. 등산용 동결 건조 식품은 가볍고 작아서 뜨거운 물(또는 물)만
있으면 조리해 먹을 수 있고 맛도 좋아 꼭 추천하고 싶다. 국밥, 전, 카
레 등 다양한 종류로 준비해두는 것도 좋다.

비타민을 보충하는 것도 중요하다. 스트레스가 심한 상황에서는 특
히 비타민B_1과 비타민C가 많이 소모되므로 보충제를 많이 섭취해두

그 외

매트나 담요

침낭 밑에 깔면 따뜻해진다. 담요는 안정감을
준다.

라디오

전기나 인터넷이 안 되더라도 라디오는 사용
할 수 있어 중요한 정보를 얻을 수 있다.

는 것이 좋다.

　이밖에도 붕대와 소독약 등 위생용품과 응급처치의 기본인 지혈을
위해 지혈밴드와 지혈대, 소독약, 붕대가 필요하다. 낙하산에 사용되
는 튼튼하고 가는 로프인 낙하산 코드와 삼각건을 넣어두면 지혈대 대
신 사용할 수 있다. 또한 방사성 물질이나 화학물질이 포함된 분진을
흡입하지 않기 위해 분진용 마스크도 넣어두면 좋다. 마지막으로 정보
수집을 위해 라디오를 휴대하자. TV나 인터넷을 볼 수 없을 때 라디오
가 정보 수집에 큰 역할을 한다.

게릴라 공격과
테러리즘

1
게릴라 및 테러 공격의 우려

| 국내에 혼란을 일으킨다 |

적국이 확실하게 개전을 선언한 뒤 공격해오기 전에 게릴라 공격이나 테러 공격을 감행할 가능성이 크다. 이런 공격의 목적은 국내에 혼란을 일으키려는 것이지만, 동시에 그 혼란에 대해 정부와 군이 어떻게 대응하는지 관찰하기 위해서이다. 아마 전쟁을 걸어온 상대가 경제적으로 여유가 있고 충분한 군력을 갖춘 대국은 아닐 것이다. 고가의 탄도 미사일과 순항 미사일이 없는 작은 나라나 국가라고 부를 수 없는 테러 조직에게는 게릴라 공격이나 테러 공격이 가장 효율적인 방법이다.

규모가 작다면 당연히 인원이나 비용도 적게 들기 때문이다. 극단적

명백한 적대 행위를 하고 개전을 선언하기 전에 게릴라 또는 테러 공격을 감행한다. 이러한 공격은 인원과 비용이 적게 든다.

인 예로, 폭탄 하나와 기폭 스위치를 누르는 사람 한 명만 있어도 공격이 가능하다. 게다가 소규모 작전에서 병기 자체의 크기가 작다면 사전에 적발될 우려도 적다. 또한 수돗물을 생물무기로 오염시키고, 도시에서 화학무기를 살포하는 방식의 공격이라면 작은 공격으로 보다 큰 타격을 줄 수 있다. 다만 화학무기와 생물무기는 공격하는 당사자도 리스크가 따른다. 실제로 옴 진리교*가 했던 공격만 봐도 누구라도 공격을 할 수 있다고 생각할 수 있다. 공격 대상이 특정되어 있지 않다면 방어하는 것은 매우 어렵다. 공격을 받는 측에서는 실로 성가신 것이 바로 이 게릴라와 테러 공격이다.

---

* 일본의 사이비 종교 집단이자 테러리스트 범죄 집단. 1989년부터 1995년까지 극악무도한 범죄 행위를 저지른 악명 높은 종교단체로 알려져 있다. - 역자 주

| 게릴라 공격과 테러 공격의 표적 |

게릴라 및 테러 공격의 가장 우선이 되는 표적은 생명선과 직결되는 시설이다. 발전소를 파괴하고 댐을 붕괴하며 수돗물을 오염시키고 원자력 발전소에 공격을 가하는 것은 그들의 당연한 계획이자 수순이다. 또한 본격적인 공격 전에 군사시설을 게릴라성으로 공격할 수도 있다.

세간에 충격과 혼란을 줄 목적이라면 사람이 모이는 장소 어느 곳이라도 공격 대상이 될 수 있다. 행사장, 쇼핑몰, 스포츠 경기장, 지하철, 금융기관, 학교 등 어디라도 좋다. 올림픽 개최나 중요한 대규모 국가 행사가 열리는 장소들은 표적으로 최적의 장소다. 우리나라의 경우 무기 소지도 불법이고 테러리스트가 잠입하기 어려울 것이라 생각되지만, 불법 마약이나 총기가 이미 대량으로 반입되고 있는 사실을 감안하면 그런 생각은 환상일 뿐이다. 어둠을 틈타 바다에서 테러리스트가 상륙하는 것도 어렵지 않다. 심지어 테러 예비군이 일반인인 척 하고 계획을 착착 진행하고 있을 수도 있다. 아니, 이미 만전의 준비를 하고 원전 바로 옆에 살면서 공격 타이밍을 노리고 있을지도 모른다.

인구 밀집 지역

사람이 모이는 곳은 표적이 되기 쉽다. 특히 많은 인파가 모이는 행사장은 공격 대상이 될 가능성이 높다.

군사시설

어디를 공격할지 계획하고 있다면, 먼저 게릴라 공격으로 군사시설을 노릴지도 모른다. 근처에 살고 있다면 타격을 입을 수도 있다.

| 공격의 종류 |

게릴라 및 테러 공격은 어느 날 갑자기 일어난다. 또한 공격하는 방법도 여러 가지고 어떤 무기가 사용되는지 예측하기도 어렵다. 폭탄을 폭발시키거나 총기를 난사하는 등 단발적인 공격이라면 피해 범위가 제한적이겠지만 조직적으로 몇 군데를 공격하는 동시 다발성 테러가 발생할 수도 있다. 공격 대상이 원자력 발전소일 때, 공격 수단이 생화학무기나 방사성 물질을 퍼뜨리는 폭탄이면 피해가 걷잡을 수 없이 커진다.

방사성 물질을 방출하는 폭탄은 더러운 폭탄(dirty bomb)이라고 부르며 핵반응에 의한 폭발로 대상을 파괴하는 핵폭탄과 달리 방사성 물질을 퍼뜨려 방사능 오염을 일으킨다. 방사성 물질을 비산시키는 것만으로도 큰 공격이 되기 때문에 핵폭탄과 같은 첨단 기술이나 비용이 필요하지 않다. 그래서 방사성 물질만 구할 수 있다면 일반 폭탄을 만드는 정도의 기술로도 만들 수 있다. 이 폭탄은 그야말로 게릴라 및 테러 공격에 가장 적합하다.

또한 본격적인 무기가 없어도 공격할 수 있다. 예를 들어 차를 타고 인파에 돌진하는 보다 간단한 방법만으로도 충분히 그 목적을 달성할 수 있다. 언제, 어디서, 어떤 방법으로 공격할지 예측하는 건 어려울 수밖에 없다.

폭발물

테러에서 가장 많이 사용되는 무기다. 구조는 간단하지만 위력은 크다. 폭탄을 두른 조끼를 사용해 자폭 테러하는 방법도 있다. 국내에서는 고성능 폭약을 제조하고 입수하는 것이 어렵지만 해외에서 반입하는 것은 가능할 수도 있다.

총기

총기가 없을 것이라는 생각은 틀렸다. 권총, 돌격소총, 기관총 등 무기의 종류는 다양하다. 거리에서 갑자기 난사하거나 상업용 건물을 제압하는 등 방법은 얼마든지 있다.

화학무기

겨자 가스(mustard gas)나 사린(sarin) 등의 화학무기는 확실하고 효과적으로 인체에 충격을 준다. 비인도적 무기로 국제법에 의해 사용이 금지되어 있지만 일본에서는 옴 진리교가 사린, VX 가스를 사용했다.

폭주 차량

누구나 사용하는 자동차도 사용 방법에 따라 흉기가 된다. 무서운 속도로 자동차가 인파에 돌진할 경우 수십 명을 살해할 수 있다. 이것을 예측하는 것은 거의 불가능하다.

해킹

일반인에게는 상관없을 수 있지만 정부나 기업이 관리하는 컴퓨터에 무단으로 접근해 정보를 훔치거나 파괴하는 해킹도 대형 테러 행위이며 큰 피해가 있을 수 있다.

| 차량 공격 테러의 두려움 |

최근의 테러리즘 중에서 특히 두려운 방식이 바로 '차량 공격 테러'다. 말 그대로, 차를 타고 폭주해 인파에 돌진해서 보행자를 잇따라 들이받아 살상하는 테러 방식이다. 그뿐만 아니라 차가 충돌해서 멈추면 차에서 내려 무기로 무차별 대량 살인을 이어간다.

이 테러의 무서운 점은 일어나는 장소나 시기를 전혀 예측할 수 없다는 것이다. 자동차는 그야말로 사방에 있고 모두가 사용한다. 또한 이 공격은 개인의 독단적인 판단으로도 감행할 수 있어 언제 어디서 일어날지 모른다.

칼로 살해하면 피해가 크지 않을 거라고 생각할 수 있지만 그렇지 않다. 테러범이 아마추어라면 그럴 수도 있겠으나 만약 칼을 다루는 훈련을 충분히 받은 군인이 이와 같은 짓을 했다면 피해자의 수는 몇 배, 아니 그 이상이 될 수도 있다.

만약 칼 훈련을 받은 사람이 당신을 죽이려고 다가올 때는 칼이 당신에게서는 보이지 않을 것이다. 당신은 그 자가 칼을 가지고 있는지조차 알지 못한다. 그리고 서로 스쳐지나간 직후 급소를 찔려 무슨 일이 일어났는지도 모른 채 순식간에 사망한다. 흔히들 마구 찌른다고 하지만 그것은 찌르는 쪽이 흥분하거나 공포감을 느껴서 헛되이 찌를 뿐이다. 훈련을 받은 군인이라면 최소한의 행동으로 주위 사람들에게 들키지 않고도 살인을 거듭할 수 있다. 그렇다면 피해는 폭탄 공격에

예측하기 어려운 차량 공격

사람이 많이 모이는 장소에 차량을 돌진해 사람을 치어 죽인 다음, 무기
로 무차별 살인을 거듭한다. 개인적인 동기로 움직인 것이라면 예측하
고 차단하는 것은 거의 불가능하다.

맞먹거나 그 이상이 된다.

　또한 칼 대신 총을 가지고 있다면 어떨까. 총도 마찬가지로 아마추
어와 훈련된 군인의 경우는 전혀 다르다. 총기 난사 사건 사상자가 몇
명 발생했다는 뉴스를 생각해 보자. 이는 총을 잘 취급하지 못하는 사
람의 범행이다. 냉정하고 기술이 있는 군인이라면 바로 앞이 아닌 도
망치는 사람을 먼저 쏜다. 이렇게 되면 피해는 더욱 커질 것이다.

2

게릴라 및 테러 공격에
당하지 않으려면

| 사람들이 모이는 장소에 가지 않는다 |

개인이 게릴라 및 테러 공격을 사전에 예측하는 것은 불가능한 일이다. 그렇다면 어떤 방법으로 피해를 예방하면 좋을까.

가장 최선의 대책은 공격 대상이 될 만한 장소에 가지 않는 것이다. 사람들이 모이는 곳이나 군사시설, 생명과 직결되는 업무를 하는 시설 등은 게릴라 및 테러 공격의 대상이 될 가능성이 높다. 공격에 휘말리지 않기 위해서는 그런 장소에서 떨어져 사는 것이 제일 좋다.

현재 도시에서 근무하거나 살고 있다면 이 방법이 비현실적이라고 생각할지도 모른다. 정말 일어날지도 모를 위협 때문에 당장 이사를 가고 이직을 하거나 자녀를 전학시킬 필요가 있을지 의문이 들 수도 있다. 하지만 전 세계적으로 게릴라 및 테러 공격에 대한 우려가 커지고 있는 것은 피할 수 없는 사실이다. 그렇다면 지금이 아니어도 평소 전쟁의 징조에 주의를 기울이고 위협이 증가한다고 판단되면 즉시 대피할 준비는 해두자.

공격은 사람이 많은 장소에서 일어난다

사람들이 모이는 도시는 어디든 공격 대상이 될 수 있다.
사람들이 많이 모이는 장소에 가지 않는 것이 최선책이다.

　예를 들어 공격 대상이 되지 않을 만한 지역에 대피 장소를 마련해 두면 즉시 대피하기 쉽다. 최소한 어디로 어떻게 도망갈 것인지 시뮬레이션은 해두어야 한다. 도시에서 살아야 한다면 위험성이 높은 장소는 가지 않도록 한다. 위기관리 의식이 높은 사람 중에 인파를 좋아하는 사람은 없다. 인기 뮤지션의 콘서트장이나 스포츠 경기장은 좋은 표적이 된다는 것을 잊지 말자. 만약 그런 장소에 갔다면 폭발이 일어났을 경우의 탈출 경로와 무장 세력이 침입했을 때의 대피 경로를 미리 머릿속에 그려본다. 항상 최악의 상황을 가정하고 꾸준히 그리고 철저히 준비하는 것 외에 달리 방법이 없다.

| 평소에 기준선을 기억해둔다 |

테러와 같은 위협이 일상으로 다가오는 위기를 재빨리 감지하기 위해 반드시 기억하고 있어야 하는 것이 바로 기준선이다. 기준선은 평상시 생활의 기준이 되는 상태를 말한다. 예를 들어, 출퇴근 또는 등하교 시 항상 청소를 하고 있는 아저씨나 이웃의 TV 소리, 길거리를 걸을 때 음식점에서 나는 냄새 등이 기준선이다. 물론 사람의 삶은 매일 변화하고 있지만 그래도 항상 있는 물건과 사람, 항상 일어나는 일, 항상 있는 소리와 냄새는 반드시 있다. 그런 기준선을 잘 관찰하고 기억해두면 이상 사항을 감지하는 데 도움이 된다.

기준선은 직접 만들 수도 있다. 예를 들어 책상 위에 물건을 두는 장소를 확실하게 정해둔다. 음식점에서 식사 중 잠시 자리를 비울 때는 매번 동일한 방법으로 식기와 컵을 놓는다. 지갑 속 지폐의 방향은 가지런히 하고 카드를 넣을 때도 순서를 항상 동일하게 하는 등 자신만의 규칙을 정한다. 그러면 누군가가 자신의 물건을 만졌을 때 바로 알아차릴 수 있다.

기준선

일상생활의 기준이 되는 것을 말한다. 항상 있는 광경, 항상 있는 소리나 냄새 같은 것을 늘 의식하고 기억해두면 변화를 알아채기 쉽다.

| 기준선을 흐트리는 파장을 놓치지 않는다 |

만약 기준선을 어지럽히는 징후를 알아차린 경우, 즉 항상 있어야 할 것이 없거나 반대로 없던 것이 생겼다면 무언가 이상이 일어났다고 의심할 수 있다. 하지만 기준선을 어지럽히는 파장을 간파하기란 어렵다.

어린이가 사용하는 통학로에 평소에는 없는 검은색 차가 멈춰 있으면 누구나 이상하다고 생각할 것이다. 하지만 그것이 택배 차량이라면 어떨까? 당신은 그것을 이상하다고 생각할까? 이 차에 게릴라 및 테러 공격을 계획하는 사람이 타고 있다고 하자. 이들은 위장을 위해 택배 차량을 이용한다. 그들이 보기에도 수상한 차를 이용하지는 않을 것이다. 그러나 기준선을 기억하고 있지 않으면 이 위험을 알아챌 수 없다. 반대로 한 번 본 일반 차라도 기준선에서 벗어난 시간과 장소에 있다면 위험성이 있다고 판단할 수 있다.

기준선을 흐트리는 파장을 놓치지 않는다. 그것이 위기 해결의 첫걸음이다. 이러한 감각을 연마하기 위해서는 평소에도 기준선을 의식함과 동시에 위험과 전조가 되는 파장에는 어떤 것들이 있는지 정리해 둘 필요가 있다.

낯설거나 부자연스러운 차

평소에 없던 자동차나 여러 명이 탈 수 있는 트럭은 위험 신호일지도 모른다.

평소보다 한산하다

해외에서 유명하고 사람이 많아야 할 쇼핑몰에 사람이 없다. 그것도 기준선을 흐트리는 파장이다. 현지인은 테러 정보를 얻었기 때문인지도 모른다.

3

게릴라 및 테러 공격에
직면했다면

| 기본 원칙 'RUN, HIDE, FIGHT' |

미국에는 총격이나 테러에 맞닥뜨린 경우에 취해야 할 기본적인 행동 지표가 있다. 바로 'RUN, HIDE, FIGHT'다. 게릴라 및 테러 공격에 맞닥뜨렸다면 먼저 생각해야 할 것은 RUN, 즉 도망가는 것이다.

총성과 폭발음이 들리면 더 먼 쪽으로 달아난다. 자신이 있는 건물에 무장 집단이 들어오면 즉시 출구로 향한다. 이때 무슨 일이 일어나고 있는지 관찰할 필요는 없다.

도망치는 것에만 집중하고 즉시 행동하지 않으면 안 된다. 당신이 중요한 인물이 아닌 한 그 공격은 당신을 겨냥한 것은 아닐 것이다. 거리가 멀어지면 쫓아올 위험은 낮다.

도망칠 수 없다고 판단

'RUN'
위협으로부터 빨리 벗어난다

가장 먼저 도망을 생각해야 한다. 무슨 일이 일어나고 있는지 관찰하지 말고 멀리 벗어난다.

'HIDE'
무장한 사람의 시야에 들어가지 않도록 한다

도망칠 수 없다면 무장한 사람의 시야에 들어가지 않도록 숨는다. 방문을 잠그고
전기를 끈 뒤 소리를 내지 않도록 한다. 안전이 확보되면 경찰에 신고한다.

되면 다음 선택은 HIDE, 즉 숨는 것이다. 방 안 전기는 모두 끄고 문을
잠근 뒤 총을 가진 사람의 시야에 들어가지 않도록 책상 및 가구 아래
에 숨는다. 가능하면 콘크리트에 둘러싸여 있는 것이 가장 좋다. 가구
나 실내 벽은 총탄을 막을 수 없기 때문이다. 이때 소리를 내서는 안 된
다. 당연히 휴대전화의 벨 소리와 진동도 끈다. 재빨리 행동하기 위해
탈출 경로와 숨을 장소를 미리 정해두는 것이 중요하다. 미리 준비를
했는지의 여부가 당신의 생사를 가른다.

| 결국 싸울 수밖에 없다 |

도망치지도 못하고 숨을 수도 없게 되면 어떻게 할까. 상대가 인질을 잡으려고 한다면 모를까, 분명히 살의를 가지고 행동하는 것이라면 살아남기 위해 싸울 수밖에 없다. 주변에는 무기가 될 수 있는 것이 많다. 집 안이라면 식칼이나 나이프가 빠를 것이다. 급소인 목을 노리면 된다. 손이나 다리, 몸통에도 급소는 있지만 옷 위라면 몸속까지 칼날이 닿지 않을 수 있다. 또한 몸통에 찔러도 칼날이 부러지거나 오히려 자신의 손이 베이는 경우도 많다. 노출된 목을 노리는 것이 가장 효과적이다. 사무실이나 학교라면 문구류도 무기가 된다. 가위나 컴퍼스, 커터칼, 펜이나 연필로도 공격할 수 있다. 또는 노트북이나 의자도 좋을 것이다. 심지어 컵이나 신용카드, 스마트폰으로도 공격할 수 있다. 칼이 없다면 눈을 노려야 한다. 무엇을 사용하는지도 중요하지만 어떻게 사용할 것인가를 평소에 생각하고 훈련해두지 않으면 안 된다. 필요한 것은 목숨을 걸고 상대와 싸우겠다는 각오다. 만약 무기를 가졌다면 어떤 비겁한 수를 써서라도 이기지 않으면 안 된다. 그리고 반격하지 못하게 상대의 의식이 없어질 때까지 공격의 고삐를 늦춰서는 안 된다.

'FIGHT'
무기나 방어 도구가 될 수 있는 주변의 물건

빗자루나 우산 등 막대모양의 생활용품은 훌륭한
무기가 된다. 만약 레스토랑에 있는 경우는 포크
와 나이프, 유리컵, 메뉴판 등도 무기로 사용할 수
있다.

| 칼의 위협을 받는다면 가방으로 몸을 보호한다 |

칼은 대단히 편리한 도구이지만, 가진 사람에 따라서는 무서운 흉기가 된다. 특히 입수 및 휴대하기 쉽기 때문에 전쟁 중이 아니어도 위험성이 큰 무기 중 하나이다.

칼로 공격하는 사람을 봤을 때 또는 공격당했을 때 먼저 해야 할 일은 소리치는 것이다. 칼은 공격할 때 소리가 나지 않는다. 게다가 전문가라면 급소를 쓱 찌르고 다음 대상으로 가기 때문에 주변 사람이 위험을 알아채기 어렵다. 그래서 칼의 존재를 알아채자마자 바로 '칼! 칼!'이라고 가능한 한 큰 소리로 주위에 위협 사실을 알려야 한다.

만약 자신에게 덤벼든다면 익숙한 물건으로 즉각 대응해야 하는데, 아마 가방이 가장 가까운 물건일 것이다. 공격의 방법으로는 정면에서 찌르고, 옆에서 휘두르고, 위에서 내려치고, 가로로(수평으로) 칼을 들고 찌르는 방법이 대부분이므로 백팩이나 비즈니스 가방을 자신과 칼 사이에 두고 공격으로부터 몸을 보호해야 한다. 노트북이나 두꺼운 책처럼 칼이 통과하기 어려운 것을 가방의 바깥쪽에 두는 것이 좋다. 가방에 어떤 물건을 넣을지, 어떤 방법으로 넣을지에 대해서도 평소에 이런 사태가 일어날 것을 고려해서 정해야 한다. 이런 행동이 일상이 되면 귀찮다는 생각도 들지 않을 것이다.

큰 소리로 외치며 사람이 올 때까지 시간을 번다

칼에 의한 공격은 소리가 나지 않기 때문에 주위에서 알아채지 못해
피해가 커진다. 그래서 큰 소리로 위협 상황을 알릴 필요가 있다.

좋은 예

가방은 자신으로부터 조금 떨어진 위치에 둔다

가방이 자신의 몸과 너무 가까워도 또는 너무 멀어도 좋지 않다. 가방이 항상 상대와 나 사이에 있도록 하고 경우에 따라서는 강하게 상대를 밀어내도록 한다.

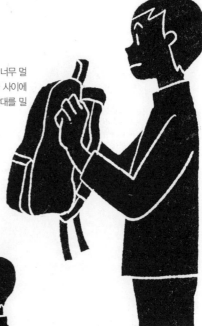

나쁜 예

가방을 너무 앞으로 내밀면 팔이 베일 수도 있다

순간 무서워서 허리를 빼고 손을 곧게 뻗어버리기 쉽다. 하지만 이 상태에서 상대가 옆에서 칼을 휘두르면 팔뚝이 베일 수도 있다.

좋은 예

숄더백

숄더백의 끈을 어깨에서 내려 끈의 양쪽을 안쪽으로 말아 넣듯이 잡는다. 끈을 팔에 감아 단단히 고정하면 좋다.

백팩

백팩을 내리면 숄더 끈이나 손잡이 끈 부분의 위를 안쪽으로 말아 넣듯이 잡고 노출 부분을 최소화한다.

나쁜 예

상대에게 손이 보이면 베인다

가방 옆이나 앞을 잡으면 잡은 손이 상대에게 보여 공격 대상이 된다. 가방을 가림막으로 사용해 손과 몸을 확실히 가린다.

| 만약 총구를 들이댄다면 |

자신은 어떤 무기도 갖고 있지 않은데 만약 총을 가진 사람이 다가오다면 어떻게 해야 할까. 도망치거나 숨을 수도 없는 상황이라면 아무것도 하지 않는 것이 최선이다.

상대가 총을 가지고 다가오고 있다면 뭔가 목적이 있다는 뜻이다. 만약 살해할 의도가 있었다면 벌써 공격했을 것이다. 상대가 군복을 입었거나, 보기에 군인이라면 단순히 물어보기 위한 것일 수도 있고, 그렇지 않다면 단순 강도일 수도 있다. 또한 납치하는 경우도 있다. 어쨌든 저항하거나 도망치면 공격당할 위험이 높다.

저항하지 않겠다는 의사를 상대에게 알리고 아무 행동도 하지 않는 편이 죽을 확률이 가장 낮다. 여기에서 맞아 죽는 것보다는 차라리 납치가 낫다. 만약 상대가 노상강도라면 오히려 행운이다. 상대는 단지 돈을 원하는 것이므로 빨리 돈을 뺏고 떠나고 싶어할 것이다. 괜히 반항하며 상대의 신경을 거스르지 않도록 하고 요구에 따라주면 된다. 이런 상황에서 저항하지 않는 태도에도 용기와 각오가 필요하다. 살아남는 것을 최우선으로 생각한다면 그것이 제일이다.

무저항이 생존율을 높인다

자동차 강탈이나 강도 등의 범죄에서 발포되
는 경우는 대부분 피해자가 저항했기 때문이
다. 생존율을 높이는 가장 좋은 방법은 무저
항을 관철하는 것이다.

| 총으로 위협당할 때 빠른 움직임은 금물 |

어떤 행동을 할지 상대에게 알린다

주머니에서 지갑이나 신분증을 꺼낼 때 반드시 말이나
동작으로 의사 표현을 한 뒤 천천히 움직인다.

총을 들이댔을 때 상대를 자극하여 화나게 하거나 흥분시키면 안 된
다. 총을 겨누고 있는 상대도 긴장한 채로 경계 중일 것이다. 쏠 생각이
없더라도 사소한 자극이나 분노로 인해 방아쇠를 당겨버릴 수도 있다.
우선 저항하지 않고 무기를 갖고 있지 않다는 것을 어필해야 한다. 그
러기 위해서는 손을 들어 저항하지 않겠다는 의사 표현을 한 뒤 외투
를 열어 안을 보여준다. 이때 중요한 것은 천천히 움직일 것. 빠르게 움
직이면 상대의 신경을 자극하게 된다. 상대가 훈련된 군인이라면 차라
리 낫지만 총 취급에 익숙하지 않은 범죄자라면 방아쇠를 실수로 당

상대에게 자신의 상황을 알리고 저항할 의사가 없음을 어필한다

금전을 요구하면 저항하지 말고 건넨다. 상대의 눈을 노려보거나 반항적인 태도를 취하는 것은 바람직하지 않다.

겨버릴 우려도 있다. 그리고 자신이 앞으로 어떻게 행동할 것인지 상대방에게 알리는 것도 중요하다. 겉옷을 젖힐 경우 손가락으로 겉옷을 가리키고 엄지와 집게손가락으로 겉옷을 잡아 젖혀 보인다. 갑자기 속주머니에 손을 넣어 지갑을 꺼내려고 하면 틀림없이 총격당할 것이다. 운전 중에 총의 표적이 됐을 때 창문을 열기 위해 손을 손잡이에 대거나 대시보드에서 지갑을 꺼내려고 하다가 총을 맞은 사건도 많다. 그런 경우에는 먼저 손가락으로 손잡이와 대시보드를 가리키고 그 다음 천천히 움직이도록 한다.

경우별 테러 대처

최근 들어 장소를 불문하고 테러가 발생하고 있다. 일상 속에서 예상할 수 있는 무력적인 위협 중에서 가장 조우할 가능성이 높은 것이 바로 테러가 아닐까. 전 세계적으로 다수의 흉악한 테러가 발생하고 있음을 감안하면 우리나라는 안전하다고 생각하는 것은 환상에 지나지 않는다. 또한 테러의 유형이 다양해지고 있어 테러 발생을 미연에 방지하거나 전조를 발견하는 것이 어렵다.

지금까지 언급한 바와 같이 테러나 게릴라 공격으로부터 자신을 보호하는 최선의 방법은 위협에서 최대한 멀어지는 것이다. 테러가 일어날 만한 장소에 가지 말고 테러의 표적이 될 것 같은 시설 가까이에 살지 않는 것만으로도 테러 발생 위험성을 크게 낮출 수 있다.

지금부터 세계 곳곳에서 발생했던 5가지의 테러를 예로 들어 공격 상황과 공격 방법, 범인의 동향, 방어책을 살펴보고자 한다. 예방할 수 있는 방법이 있었을지, 만약 내가 그 자리에 있었다면 어떻게 행동해야 할지 생각해보는 것만으로도 추후 발생할 테러에 대비하는 또 하나의 방법이 된다.

테러리스트의 형태

테러리스트의 형태는 과거에 비해 크게 달라지고 있다. 예전에는 테러리스트라고 하면 반사회적인 조직의 조직원들이 캠프 같은 곳에서 군사적인 훈련을 받고 대규모 테러를 일으키는 것이 일반적이었다. 그러나 최근의 테러리스트는 개인이거나 소규모 그룹인 경우가 많다. 자신의 위치에서 일반적으로 평범하게 생활을 하면서 테러를 계획하고 실행한다. 공격 대상 또한 정치적, 군사적 요소가 아닌 일반 시민이 되는 사례가 증가하고 있는데, 상대에게 들키거나 노출되지 않고서 계획을 성공시키기 쉽기 때문인 것으로 보인다.

홈 그론(Home grown)

국내에서 태어나고 자란 사람이 국외 조직의 사상을 동경해 테러를 일으킨 경우를 말한다. 특히 서양 국가에서 자란 사람이 이슬람 과격파 사상에 영향을 받은 경우가 많다.

론 울프(Lone wolf)

말 그대로 한 마리 늑대같은 테러리스트를 뜻한다. 조직에 속하지 않은 개인 또는 작은 그룹이 사회나 특정 세력에 대해 개인적인 불만이나 원망으로 테러를 실행한다.

귀국 테러

ISIS와 같은 프로파간다를 중시하는 테러 조직에 공하이 조직에 가입한다. 훈련에 참가한 뒤 귀국해 테러를 일으킨다.

선도

미디어에 비춰진 과격파 조직의 주장에 공감하여 스스로 자국 내에서 테러 행위를 수행한다. 조직적이지 않기 때문에 사전에 파악하기가 매우 어렵다.

바르셀로나 테러 사건

DATA

공격 수단 차량 공격

발생일 2017년 8월 17일

발생 시간 16시 50분 경 (현지시간)

발생 장소 스페인 바르셀로나

사망자 16명

부상자 140명 이상

개요

바르셀로나의 한 거리에 승용차가 돌진했다. 걷고 있던 관광객들을 쓰러뜨리며 약 500m나 되는 거리를 폭주했다. 과격파 조직 ISIS가 미디어 아마크 통신을 통해 범행 성명을 발표했다. 시리아 등에서 ISIS 소탕 작전을 진행하는 스페인이 소속된 조직에 대한 보복이라고 주장했다.

대책

테러 발생을 예측하기 어렵기 때문에 테러의 대상이 될 수 있는 번화가와 대형 축제, 쇼핑몰 등 유동인구가 많은 곳은 피한다. 또한 그런 곳을 가더라도 최대한 짧게 머무는 것이 유일한 대책이다. 바르셀로나에서 테러가 일어난 날 조금 떨어진 장소에서도 보도에 차가 돌진해 경찰과 총격전이 벌어진 사건도 있었다. 이처럼 테러는 다발적으로 일어날 위험이 있기 때문에 사건 발생을 인지했다면 평소보다 위험한 장소는 피해야 한다. 또한 이러한 사건에 휘말렸을 때는 테러 차량이 진행하는 방향의 수직 방향으로 도망가야 한다. 인간은 본능적으로 위협에 등을 돌리고 도망치려고 하겠지만 시속 70~80km로 주행하는 차량과 같은 진행 방향으로 도망치면 반드시 따라잡힌다. 차량이 향해 오면 옆으로 도망가도록 하자.

상트페테르부르크 지하철 폭탄 테러 사건

DATA

공격 수단　자살 폭탄 공격

발생일　2017년 4월 3일

발생 시간　14시 40분경 (현지시간)

발생 장소　러시아 상트페테르부르크

사망자　15명

부상자　64명

개요

상트페테르부르크 지하철 안에서 자살 폭탄 테러가 발생했다. 센나야 광장역과 공과 대학역 사이의 터널을 통과 중인 열차 안에서 폭탄에 의한 폭발이 일어난 것이다. 범행은 체첸 분리주의자의 소행이었는데, 러시아의 시리아 분쟁 군사 개입에 대한 ISIS의 보복 공격일 가능성도 있다.

대책

러시아가 시리아에 군사 개입을 하고 같은 날에 푸틴 대통령이 자신의 고향인 상트페테르부르크를 방문하는 등 정치적 이벤트는 있었지만 이날 지하철에서 테러가 일어날 거라고 예측하는 것은 매우 어려웠다. 이러한 테러에 휘말렸을 때는 폭발을 느낀 순간 몸을 엎드리고 폭발물 대응 원칙에 따라 행동해야 한다. 그러기 위해서는 평소 이런 대응 훈련을 해둘 것. 몸을 엎드리고 머리를 보호하는 등 조금이라도 피해를 줄이기 위한 수단을 강구한다. 또한 평소 이용하고 있는 시설이나 대중교통의 경우 차폐물은 어디에 있는지, 달아날 루트는 있는지 등 다양한 상황을 설정 및 상상하고 위험 회피 시뮬레이션을 해두어야 한다.

라스베이거스 스트립 총기 난사 사건

DATA

공격 수단 무차별 총기 난사 공격

발생일 2017년 10월 1일

발생 시간 22시 8분경 (현지시간)

발생 장소 미국 라스베이거스

사망자 58명

부상자 546명

개요

관광객이 많이 모이는 라스베이거스에서 발생한 테러이다. 미국 국적의 용의자가 만달레이 베이 호텔 32층에 올라 라스베이거스 스트립에서 개최 중인 음악 축제를 향해 총을 수천 발 난사했다. 10분 정도 총격을 가한 후 범인은 실내에서 자살했다. 호텔 방에는 23자루의 총이 남아 있었다.

대책

총격받은 경우 기본적인 대처법은 엎드리는 것이지만, 이 사건의 경우 호텔 32층에서 아래를 향해 총을 내려쐈기 때문에 엎드리면 피탄 면이 커져 버린다. 그래서 자리에 엎드리는 것보다 총격을 가해 오는 사람으로부터 거리를 두는 것이 최우선이다. 하지만 실제 상황에서는 야간이기 때문에 어디에서 총격을 가하고 있는지 파악하기 어렵다. 호텔 방 안에는 방높이와 축제 장소까지의 거리를 계산하여 어떻게 가장 많은 사람을 살해할 수 있을지 계산한 범인의 메모가 남아 있었다고 한다. 이로 인해 범인을 제외하고 58명이 사망했고 546명이 다쳤다. 미국에서 발생한 단독범에 의한 난사 사건 중 사상 최악의 결과이다. 이럴 때는 차폐물을 찾아 몸을 숨긴 후 틈을 보고 이동해야 한다.

다카 레스토랑 습격 인질 테러 사건

DATA

공격 수단　총기 난사, 폭탄, 칼에 의한 공격

발생일　2016년 7월 1일

발생 시간　21시 20분 (현지시간)

발생 장소　방글라데시 다카

사망자　28명

부상자　50명

개요

방글라데시의 수도 다카에서 외국인이 많이 거주하는 구루샨 지역의 레스토랑을 총과 폭탄으로 무장한 방글라데시인 7명이 습격했다. 무차별로 총격을 가하고 폭탄을 여러 발 터트렸다. 그 후 외국인과 레스토랑 직원 등을 인질로 잡았지만 부대가 진입해서 현장을 제압했다.

대책

범인들은 '알라는 위대하다'라고 외치면서 레스토랑을 습격했다. 또한 인질을 이슬람 교도와 비이슬람 교도로 나누어 이슬람 교도에게만 물을 줬다고 한다. 즉 비이슬람인을 살상할 의사가 명확했기 때문에 만약 사건에 말려들었다면 살아남기 어려웠을 것이다. 당시는 라마단(금식월) 새벽 직전이었는데 마침 이슬람의 예배일인 금요일이기도 해서 테러 행위가 발생할 위험이 높은 시점이었다. 그것을 고려해 외출이나 외식은 최대한 자제하는 대책이 필요했다고 본다. 습격 후 옥상으로 도망친 사람과 화장실에 숨었다가 구조된 사람도 있었기 때문에 만약 현장에 있었다면 역시 조금이라도 빨리 벗어나야 한다. 그것이 무리라면 숨는 것이 효과적인 해결책이었다고 할 수 있다.

아키하바라 살인 사건

DATA

공격 수단 차량 공격

발생일 2008년 6월 8일

발생 시간 12시 30분경

발생 장소 일본 도쿄도 아키하바라

사망자 7명

부상자 10명

개요

일본 지요다구 소토칸다 거리 교차로에서 2톤 트럭을 운전하는 범인이 적신호를 무시하고 돌진한 사건이다. 횡단 중이던 보행자 5명을 치어 쓰러뜨렸다. 그 후 범인은 차에서 내려 도로에 쓰러진 피해자를 구조하러 달려온 행인 17명을 단검으로 연달아 살상. 10분 만에 7명을 살해했다.

대책

개인이 일으킨 사건이며 웹사이트 게시판에 범행 예고를 게시했다고는 하지만 일반 사람들이 이것을 알기에는 어려웠고 사전 예측도 불가능했다. 범행은 차량을 몰아 인파로 돌진한 전형적인 차량 공격이다. 이런 피해에 당하지 않기 위해서는 교차로에서 도로 옆에 서지 말고 도로 쪽으로 걷지 않는 등의 대책을 생각할 수 있다. 또한 보행자가 많은 곳은 공격의 대상이 될 수 있음을 생각해둬야 한다. 만약 전방에서 차량이 향해 오면 왼쪽이나 오른쪽으로 도망가는 것이 중요하다. 오던 방향으로 뒤돌아서 곧장 도망치면 범인의 눈에 띄어 공격 목표가 되고 순식간에 차량에 따라잡힌다. 칼에 의한 살상 사건이 발생하면 곧바로 큰 소리로 주위에 알리고 피해 확대를 방지한다.

개전

1

탄도 미사일이 날아왔다

| 탄도 미사일이란? |

본격적으로 전쟁이 시작되면 가장 먼저 어떤 일이 일어날까. 현실적으로는 탄도 미사일에 의한 공격일 가능성이 높다. 탄도 미사일이란 대기권 밖으로까지 탄도를 그리며 장거리로 공격할 수 있는 미사일이다. 사정거리가 긴 탄도미사일은 1만km까지 닿을 수 있다. 도쿄에서 주요 도시까지의 거리는 모스크바까지 약 7500km, 베이징까지 약 2000km, 파리까지 9700km이기 때문에 사정 1만km 미사일이면 대부분의 대륙 간 공격이 가능하다. 또한 지상뿐만 아니라 잠수함에서도 미사일을 발사할 수 있으므로 사실상 지구 어디에 있어도 탄도 미사일

탄도 미사일을 쏠 때, 적국이 미리 예고하는 일은 없을 것이다. 미사일 공격을 깨달았을 때는 이미 옆 하늘 위까지 날아오고 있을 것이다.

에 의한 공격을 피할 수 없다. 우선 탄도 미사일의 장점은 공격을 하는 국가에는 피해가 가지 않는다는 점이다. 일시에 많은 인원의 군인을 적지에 착륙시키기보다 보이지 않는 곳에서 탄도 미사일을 날려 상대국에 타격을 주는 편이 자국에 미치는 위험이 훨씬 적다. 그래서 우선 탄도 미사일로 가능한 만큼 최대한 공격하는 것이 정석이다. 사정거리가 길다는 점 외에도 탄도 미사일에는 생화학무기, 핵무기 등 대량 살상무기를 탑재할 수 있다는 것도 무서운 특징이다. 대신 탄도 미사일은 항속거리가 긴 만큼 특정 군사시설이나 정치인의 저택과 같은 핀포인트를 노릴 정도로 정확도가 높지는 않다. 게다가 미사일 한 발에 수백억 원 정도로 매우 비싸기 때문에 일반적으로 사용되는 폭약 정도만 싣고 좁은 지역을 공격하는 것은 비용 대비 효과가 너무 낮다. 만약 탄도 미사일이 날아온다면 그 가격만큼 피해를 줄 수 있는 탄두, 즉 핵폭탄 등과 같은 대량 살상무기가 탑재되어 있을 가능성이 높다. 하지만 이처럼 뛰어난 기술력과 방대한 자금이 필요한 무기들을 소유하고 있는 나라는 그렇게 많지 않다. 현재 핵보유국은 의혹이 가는 국가를 포함하여 10개국 정도이다. 실제로 탄도 미사일을 사용하면 보복 위험이 높기 때문에 공격보다 위협을 위해 핵무기를 보유하고 있을 가능성이 크다.

한편 탄도 미사일과 혼동되기 쉬운 것이 바로 순항 미사일이다. 이 미사일은 탄도를 그리는 것이 아니라 비행기와 같은 제트 엔진에 의해 평행 비행한다. 사정거리는 수 백km에서 수 천km로 알려져 있다. 핵탄두를 탑재할 수도 있지만 탄도 미사일과는 다르게 고도의 조준 시스템을 갖추고 있어 핀 포인트 공격에 사용되는 경우가 많다. 탄도 미사일에 비해 보유국과 수량이 압도적으로 많다. 실제 전쟁에서는 순항 미사일을 주로 사용한다고 생각하면 된다.

2 일본의 탄도 미사일 요격 시스템

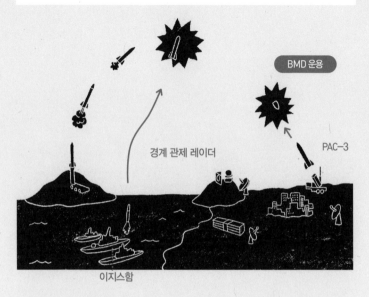

BMD 운용

PAC-3

경계 관제 레이더

이지스함

일본은 북한의 탄도 미사일 위협 사정권에 들어 있기 때문에 그것에 대항하는 시스템으로 '탄도 미사일 방어(BMD) 시스템'을 갖추고 있다. 기본 개념은 날아온 미사일을 요격 미사일로 파괴하는 방식이다. 대기권 밖의 초고도를 비행하고 있는 경우에는 이지스함이 요격 미사일로, 대기권 내에 돌입한 경우에는 요격 미사일(PAC-3)로 격추한다. 또한 일본은 이지스함처럼 고급 정보 수집 능력과 사격 능력을 가진 이지스 아쇼아라는 시스템을 지상에도 배치할 예정이라고 밝힌 바 있다.

사람이 모이는 도심이나 군사시설

적국에 위협을 줄 수 있는 군사시설, 가스와 전력 등 인프라 시설, 그리고 많은 사람이 모이는 도심이 미사일의 표적이 되기 쉽다.

탄도 미사일이든 순항 미사일이든 고가의 미사일을 사용하기 때문에 공격 대상이 모호할 리는 없다. 반드시 어딘가의 시설 또는 지역이라는 명확한 목표가 있다. 가장 먼저 표적이 되는 곳은 군사시설이다. 사령부, 비행장, 미사일이 있는 중요한 군사 거점이 대상이 된다. 민간인이 직접 표적이 되는 것은 아니지만, 그러한 시설 근처에 살고 있다면 덩달아 피해를 볼 가능성이 매우 크다.

많은 사람들이 모이는 도심도 위험하다. 현실적으로 반경 1km 정도 영역을 목표로 미사일 공격을 할 텐데, 이때 한 발이 아니라 여러 발을 포격한다. 도망가려고 해도 도망갈 곳까지 예상해버릴지도 모른다. 이러한 미사일 공격을 우리가 예측하거나 발사를 막는 것은 당연히 불가능하며, 혹시 경보를 듣게 된다고 해도 즉시 대피해서 방어 자세를 취하는 게 고작이다.

대량 살상 무기로 대도시를 공격할지 말지는 공격 국가의 의도에 달려 있다. 만약 먼저 점령한 다음 해당 국가의 시설을 그대로 이용 및 통치하고 싶다면 대량 살상 무기보다 소형 핵폭탄을 사용할 것이다. 히로시마나 나가사키급 핵폭탄을 떨어뜨리면 후처리가 너무 어려워지기 때문이다. 이때 적국이 공격 국가를 향한 반격으로 자멸을 각오한다면 이야기는 달라진다. 주요 도시에는 각국의 대사관이 있기 때문에 무차별 공격은 하지 않을 것이라는 예측도 있지만, 적국이 자멸하려고 한다면 그런 것은 신경쓰지 않고 큰 핵폭탄을 투하할 수도 있다.

| 머무르면 안 되는 위험한 장소 |

미사일이 떨어진다는 것을 알았을 때 머무르면 안 되는 장소에 대해 알아보자.

최악인 곳은 대도시 빌딩 사이, 특히 유리 빌딩이 나란히 줄지어 있는 장소다. 이곳은 절대로 가지 말아야 한다.

건물 고층도 미사일에 의한 폭풍을 직접 받기 때문에 위험하다. 경보를 듣게 되면 내려올 수 있는 곳까지 내려와서 대피한다. 엘리베이터는 도중에 멈출 수도 있으니 계단을 이용하자.

2층 주택이라면 붕괴할 수도 있으니 1층에는 가지 않는다. 특히 주택이 밀집해 있는 지역에서는 주변 건물이 붕괴해 깔려버릴 위험도 높기 때문에 2층으로 올라가야 한다.

고층 빌딩 사이는 위험!

고층 빌딩 사이에 있다가 건물이 붕괴하면 도망칠 수 없다. 폭풍으로 인해 유리가 깨져 떨어지기 때문에 위험하다. 경보가 울리면 즉시 장소를 떠난다.

| 비상경보가 울렸다. 그때 당신은? |

예를 들어 일본에서는 미사일이 날아왔을 때 비상경보가 울린다. 일본과 인접한 이웃 나라에서 발사되었다면 미사일이 일본에 도달하는 데 10분 정도밖에 소요되지 않는다. 또한 발사 후 경보가 울리기까지 몇 분 걸리기 때문에 실제로 행동할 수 있는 시간은 고작 5분뿐이다.

그 사이에 할 수 있는 일은 조금이라도 안전한 곳으로 대피하는 것 정도이다. 우선 근처에 콘크리트로 된 튼튼한 건물이 있다면 그곳으로 대피한다. 파편의 비산이나 방사선을 조금이라도 막을 수 있는 차폐물이 필요하다. 대피 후에는 가능한 한 낮은 자세를 취한다.

실외에 있다면

▶ 가급적 튼튼한 건물이나 지하로 대피한다

∙∙

실내에 있다면

▶ 창문에서 떨어져 낮은 자세를 취한다

∙∙

건물이 없는 장소라면

▶ 보이지 않는 곳에 들어가
   몸을 낮추고 엎드린다

만약 빌딩 사이에서 미처 피하지 못했다면 가방을 오른쪽 그림과 같이 머리 위로 떨어지는 물체로부터 몸을 보호한다.

3　J경보란?

| 전국 순간 경보 시스템 (J경보) |

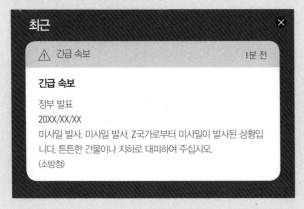

미국의 조기 경보 위성과 지상 레이더, 일본의 이지스함 등이 일본을 향한 미사일 발사를 감지하면 위험이 있는 지역에 즉시 경보를 발령한다. 이것이 바로 전국 순간 경보 시스템, 일명 J경보이다.

J경보는 미사일뿐만 아니라 지진이나 쓰나미, 기상재해처럼 긴급한 사태에 관한 정보를 긴급 속보 메일이나 지자체의 실외 스피커, TV 등으로 전달한다. 길거리에서 울리는 미사일 경보는 기계적인 사이렌 소리로 2017년에 북한의 탄도 미사일이 일본 상공을 통과했을 때 실제로 발포된 적이 있다.

| 몸을 보호할 수 있는 장소를 찾는다 |

미사일이 오는 것을 알았다면, 우선 가까운 건물에 들어가야 한다. 폭발 현장과 자신 사이에 차폐물을 만들어 두는 것이 중요하다. 차폐물은 가능한 한 무겁고 양이 많을수록 좋다. 그래서 되도록 튼튼한 콘크리트 건물로 대피하는 것이 바람직하다. 그마저도 없다면 어떤 건물이든 괜찮다. 어쨌든, 자신과 폭탄 사이에 차폐물이 될 만한 무언가를 확보한다. 또한 유리창이 깨져 파편이 흩날릴 수 있으니 반드시 창문에서 멀리 떨어져 있어야 한다. 지하상가나 지하철에 대피하는 것도 좋다. 핵폭탄일 경우 지하는 방사성 낙하물로부터 몸을 보호하기에도 적합하다.

만약 도망칠 건물이 없다면 벽이나 공원의 벤치, 다리 아래라도 좋으니 어쨌든 몸을 숨길 곳을 찾아야 한다. 또한 실내에서는 가급적 창문과 먼 위치이거나 창문이 없는 방에 들어가는 것이 좋다. 건물과 차폐물이 아무 것도 없는 경우에는 최대한 낮은 자세를 취한다. 아마 엎드릴 수밖에 없을 것이다. 사실, 미사일의 낙하 지점 근처에 있으면 살아남을 가능성은 낮다. 특히 핵 공격의 경우는 이후의 방사성 낙하물을 생각하면 더욱 살아남기 어려울 것이다. 하지만 비록 조금이라도 피해를 줄이기 위해 할 수 있는 것이 있다면 주저없이 바로 실행해야 한다. 생존하겠다는 의지가 가장 중요하다.

도시의 경우

지하철, 지하상가, 빌딩 안으로

우선 들어갈 만한 지하철이나 지하상가를 찾는다. 계단을 내려갈 때 패닉이 된 사람들에게 떠밀려 줄줄이 넘어질 수도 있으니 주의하자. 만약 핵 공격이라면 12시간에서 하루 정도는 안에서 대기해야 한다.

운전 중이거나 지하철을 타고 있는 경우

지하철: 창문에서 떨어져 가운데에서 낮은 자세를 취한다

폭풍의 피해를 방지하기 위해 창문에서 떨어져 가능한 한 낮은 자세를 취하고 머리를 보호한다. 경보가 울렸을 때 주변에 이런 행동을 취하는 사람이 없다 해도 살고 싶다면 망설이지 말고 바로 이렇게 해야 한다.

운전 중 : 정차하고 시동을 끈다

운전 중이라면 폭풍 때문에 핸들이 말을 듣지 않을 것이다. 심한 경우 폭풍으로 인해 차가 날아갈 수도 있다. 이럴 때는 시동을 끄고 주변에 있는 안전한 건물로 들어간다. 가능하면 차를 타고 지하주차장에 들어가는 것도 좋다.

담벼락으로 다가가 낮은 자세를 취한다

주택가를 걷고 있을 때 경보가 울리면 좌우 어느 쪽이든 담벼락이나 벽에 다가가 낮은 자세를 취한다. 미사일이 어느 방향에서 날아올지 모르지만 가만히 있는 것보다는 낫다. 하지만 지진일 경우에는 벽이 무너질 수 있으니 접근하지 말자.

다리 아래에 숨는다

튼튼한 콘크리트 다리 아래는 좋은 대피소가 된다. 만약 차를 타고 가는 중 근처에 다리가 있다면 차에서 내려 다리 아래로 들어가는 것도 좋다.

벤치 아래에 엎드린다

아이들과 공원에서 놀고 있는 상황이라면 어떻게 해야 할까. 공원에는 별다른 차폐물이 없으니 벤치 아래에 기어들어가는 것만으로도 도움이 된다. 조금이라도 몸을 숨길 수 있는 공간을 찾아 대피해야 한다.

농업용 수로로 피한다

농촌에서는 몸을 숨길 장소를 찾기 쉽지 않다. 그럴 때는 콘크리트로 만든 터널 형식의 농업용 수로에 몸을 숨긴다.

대피할 만한 공간이 없어도 낮은 자세를 유지한다

숨을 만한 곳이 없는 장소에 미사일이 떨어질 가능성은 낮다. 만약 그런 장소에서 경보가 울린다면 낮은 자세로 머리를 보호해야 한다.

창문에서 최대한 떨어진다

폭풍으로 인해 유리창이 깨지면 수천수백 조각의 날카로운 유리 조각이 날아올 것이다. 피해를 최소화하려면 가능한 한 창문에서 떨어진 장소로 이동한다.

커튼은 반드시 친다

커튼을 닫는 것만으로도 유리의 비산을 방지할 수 있다. 이중창이 있으면 닫아야 하고 없는 경우 커튼을 꼭 쳐야 한다.

침대는 창문으로부터 떼어놓는다

중동의 분쟁 지역에서는 침대를 창가에 두지 않는다. 이는 유리창의 비산으로부터 자신을 보호해야 하는 만약의 상황에 대비하기 위함이다. 만일의 상황에 대비해 침대는 창문으로부터 떼어놓고 침실에 신발도 준비해두자.

| 몸을 방어하는 자세 |

바르게 엎드리는 방법

귀를 손으로 가린다   발은 창문처럼 위험한 쪽을 향한다

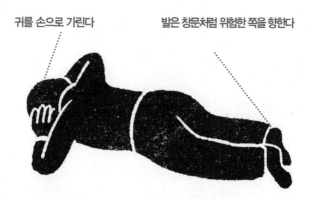

미사일을 직격으로 맞으면 죽는다. 그래도 살아남을 방법을 생각한다.
실내라면 발을 창문 쪽으로 향하게 하고 자세를 낮춘다.

그나마 안전한 곳으로 이동한 후에는 착탄에 대비하는 자세를 취하
고 기다릴 수밖에 없다. 미사일뿐만 아니라 어떤 폭발물이라도 대처
방법은 대개 비슷하다. 바로 가능한 한 몸을 낮추는 것이다.

어느 방향에서 폭발이 일어날지는 모르지만, 폭발이 일어나는 방향
으로 발을 향하게 한 후 엎드려야 한다. 만약 실내라면 발을 창문 쪽으
로 향하게 하고 엎드린다. 이는 최우선으로 머리를 보호하기 위한 자
세이다.

또한 엄지손가락으로는 귀를 막고 나머지 손가락으로는 눈을 가리
도록 한다. 폭발의 충격으로 인해 고막이 찢어지거나 안구가 튀어나오

충격에 의한 안구 돌출, 고막 파열을 방지

눈을 감는다.
가능하면 수건 등으
로 눈을 누른다

귀는 손으로 가린다

입은 벌린다

착탄의 충격으로 인해 고막이 파열되고 안구가 터지는 피해가 있을 수도 있다.
이를 방지하기 위해 귀를 막고 눈을 감아 손으로 눌러준다.

는 것을 방지하기 위해 꼭 눈과 귀를 막아야 한다. 구할 수 있다면 수건 같은 것을 눈에 대고 있어도 좋다. 입을 벌리는 것도 고막이 찢어지거나 안구가 튀어나오는 것을 방지하는 방법이다. 오래 전부터 각국의 군사 훈련에서는 폭격을 받는 쪽뿐만 아니라 대포를 쏘거나 폭탄을 폭파하는 쪽도 입을 벌리고 있어야 한다고 지도하고 있다. 이때 반드시 폭발하는 방향으로부터 등을 돌려야 한다. 그렇게 하지 않으면 입으로 고압 폭풍이 들어가서 폐에 손상을 줄 수도 있다. 이러한 방어 자세는 한순간에 바로 실천할 수 없기 때문에 가족과 함께 미리 훈련해야 한다.

| 행동 순서를 구체적으로 정해둔다 |

미사일이 발사됐다는 사실을 알고 나서 또는 경보가 울리고 나서야 어떻게 행동할지 생각한다면 생존 가능성은 낮다. 그런 일이 있어났을 때 어떻게 행동할지 미리 계획해두는 것은 매우 중요하다. 비단 미사일 공격에 국한된 이야기가 아니다. 지진이나 태풍 등 재난이 일어났을 때 어떻게 해야 할지 미리 생각해두고 실전에서 행동 순서를 바로 결정해야 한다. 비상 상황에서는 계획의 여부가 곧 생사의 열쇠가 된다는 마음을 가져야 한다. 구체적인 행동지표가 꼭 필요하다.

미사일이 날아오면 어떻게 할지 계획을 세운다고 가정했을 때, '엎드려야 한다' 또는 '도망쳐야 한다' 정도로는 계획이라고 할 수 없다. 찬장을 벽 옆에 가까이 붙인 후, 덧문을 오른쪽으로 잠그고 생존가방을 챙겨 침대 옆에 엎드린다는 구체적인 계획을 세워야 한다. 뿐만 아

트라이앵글 존으로 들어간다

붕괴 시 피해를 줄이기 위해 침대나 튼튼한 가구 옆, 즉 어떤 물건이 넘어오더라도 안전이 보장되는 삼각형 공간에 들어가야 한다. 아무런 계획도 없다면 그 상황이 혼란스럽기만 하다. 하지만 계획이 있다면 목적을 갖고 행동할 수 있다.

니라 가족 구성원 중 누가 어디에 어떤 방향으로 엎드릴지, 어떤 물건을 챙길지까지 아주 구체적으로 계획을 세워야 한다.

어떤 일을 어떤 순서로 어떻게 할 것인지 결정해야 한다. 회사에서 근무 중일 때, 출근길 지하철 안일 때, 집에서 자고 있는 심야 시간일 때, 아이들이 학교에 있을 때, 이런 긴급 상황이 닥치면 어떻게 할 것인가. 각 상황에 맞게 가정해볼 수 있는 행동을 구체적으로 계획해두면 만약의 사태가 발생했을 때 빠르게 행동할 수 있고 정신적으로도 피해가 덜 할 것이다. 또한 모든 계획을 가족이나 동료와 공유하는 것도 중요하다.

2

탄도 미사일이 착탄했을 때

| 무서운 폭발 충격파 |

어떤 탄두가 실려 있는지에 따라 미사일의 공격력은 각각 다르다. 탄두는 핵탄두를 탑재한 것과 그렇지 않은 일반 탄두로 나뉜다. 탄두는 폭약을 사용하는 탄두, 불꽃으로 주위의 모든 것을 태우는 연료기화탄두, 전자 펄스를 발생해 전자기기를 사용할 수 없게 하는 탄두 등 종류가 다양하다. 또한 최근 만들어진 미사일은 여러 탄두를 여러 개 탑재할 수 있어 여러 지점을 목표로 두고 공격할 수 있다. 가장 일반적인 폭약을 사용하는 탄두는 주로 폭풍과 충격파에 의해 피해가 발생한다. 폭풍은 사람을 날리고 건물을 쓰러뜨린다. 앞에서도 언급했지만 특히 무서운 점은 폭발할 때 창문 가까이에 있으면 수많은 유리 파편이 몸을 난도질할 수 있다. 그렇기 때문에 창문에서 신속하게 떨어져야 한다는 것을 꼭 기억해두자. 또한 폭발에 따른 화재도 주의해야 한다. 가장 강렬하고 무서운 것은 충격파이다. 충격파는 벽과 같은 차폐물이 있어도 고막 파열과 안구 돌출 등 인체에 피해를 준다. 또한 외상이 없다 해도 내장이 파열될 수 있다. 겉모습은 아무렇지 않아 보여도 피를 토한다면 위험하다. 게다가 토한 피에 거품이 섞여 있다면 폐에 손상이 갔을 수도 있다.

이러한 피해를 줄이려면 폭발로부터 거리를 둬야 한다. 초고속으로 포물선을 그리며 날아오는 미사일이 어디에 떨어질지 예측하는 것은 매우 어렵기 때문에 차폐물을 두는 방법만으로는 부족하다. 실제로 2017년 8월, 북한이 동해 방면으로 탄도 미사일을 발사했을 때 J경보가 울렸는데, 경보가 울린 지역은 홋카이도현에서 나가노현까지 11개 현이나 되었을 정도로 범위가 상당히 넓었다. 그만큼 정확히 예측하기 어렵다.

예상되는 인적 피해

▶ 파편에 의한 부상
▶ 충격파와 폭풍에 의한 장기 부상
▶ 고막 파열
▶ 안구 돌출

| 미사일이 착탄된 혼란스러운 현장 |

당연한 말일 수도 있지만, 미사일은 갑자기 떨어진다. 착탄이 되면 폭발에 의해 소음과 진동이 일어나고 건물이 붕괴되며 화재와 연기도 발생한다. 평화롭기만 하던 모든 상황이 한순간에 변하는 것이다.

건물이 무너지면서 거리는 콘크리트 투성이가 되고 흙먼지가 자욱해진다. 파편이 꽂혀 피를 흘리는 부상자가 비명을 지른다. 생매장되고 있는 사람이 필사적으로 도움을 청하는 소리도 들려온다. 이런 장면을 영화에서 봤을 수도 있다. 하지만 현실과 영화는 전혀 다르다.

폭발과 총탄에 의해 사람이 갈기갈기 찢기면 그 주변은 암모니아와 비슷한 냄새가 퍼진다. 그 외에도 무언가 타는 듯한 냄새, 들어본 적도 없는 단말마의 비명이 울려퍼질 것이다. 이 상황에서 냉정할 수 있는 사람은 없다. 시각뿐만 아니라 청각과 후각으로 현장의 상황을 감지하면 곧 패닉 상태에 빠진다. 이때 발생하는 패닉은 사고가 정지해버리는 카운터 패닉과 주위의 상황을 확인하는 것만으로도 혼란스러워지는 세컨드 패닉으로 나뉜다.

패닉을 방지하는 것은 어렵지만 패닉에 빠질 수도 있다는 사실을 미리 아는 것과 모르는 것은 크게 다르다. 거듭 말하지만 중요한 것은 마음가짐이다.

엄습해오는 강렬한 스트레스

시체

비명

냄새

불안

부상

아드레날린

현장은 패닉에 빠진다

많은 사람들이 처음에는 무슨 일인지 몰라 어리둥절해 할 것이다.
착탄 직후는 괜찮아도 상황을 파악하고 나면 공포감으로 패닉에 빠진다.

| 직접 손상을 확인한다 |

착탄이 된 직후, 우선 자신의 몸에 무슨 일이 일어나고 있는지 확인한다. 큰 부상을 입고도 아드레날린이 분비되어 인지하지 못할 수도 있다. 파편이 동맥 바로 근처에 박혀 위험한 상황이 될 수도 있는데, 이럴 때 급하게 움직이면 손상이 커지기 때문에 천천히 느린 동작으로 확인해야 한다.

쓰러졌는데도 의식이 있다면 우선 눈을 떠본다. 그 다음에는 사지의 손상을 확인한다. 손끝부터 천천히 움직여보고 손목, 팔꿈치 순서로 천천히 몸의 중심부로 이동한다. 다리도 마찬가지로 움직여본다. 이때 움직일 수 있다 해도 손가락과 손발이 없어진 경우일 수도 있으니 반드시 육안으로 확인하자. 체간부에 출혈이나 통증이 있는지 눈과 손으로 확인한다. 피를 토하거나 코피가 난다면 내장과 머리에 손상이 생겼을 수도 있다. 이상이 느껴지지 않아도 급하게 일어서면 어지럽거나 비틀거릴 수 있으므로 잠시 누워있는 것이 좋다. 감각이 돌아오면 천천히 일어선다. 어지럽다면 머리를 흔들지 않도록 조심하자. 먼저 네 발로 엎드리고 무릎으로 서본 뒤 두 발로 선다. 모든 게 정상이어도 나중에 내장 손상이 생길 수 있으니 방심하지 말아야 한다.

착탄 후 손상 확인 순서

1 의식의 유무

의식이 있다면 눈을 뜨고 양쪽 모두 잘 보이는지 확인한다.

2 사지 손상 확인

손가락부터 천천히 움직인 뒤 손목, 팔꿈치, 말단부터 중심부까지 천천히 움직여 본다. 일부분이 손상되어도 감각은 남아 있을 수 있기 때문에 육안으로 확인한다.

3 체간부 손상 확인

몸의 중심이 손상되었는지, 출혈이 있는지를 본 뒤 만져서 확인한다.

4 머리 손상 확인

휘청거리는 것은 당연하다. 출혈이나 코피가 나는지를 확인하고 머리를 급하게 흔들지 말아야 한다.

5 천천히 일어난다

네 발로 엎드리고 무릎으로 선 후 두 발 순으로 천천히 일어난다. 벽 같은 데를 의지하면 좋다.

손발 끝부터 천천히

손상을 입은 손발을 갑자기 움직이면 손상이 심해질 수 있으므로 주의해야 한다. 손발의 끝부터 하나씩 천천히 움직여 확인한다.

사지의 유무와 손상 확인

사지의 손상이나 외상, 골절 여부를 확인한다. 실제로 그 부분이 없는데도 감각만 남아 있을 수 있기 때문에 눈으로 보고 확인해야 한다.

머리

외상 또는 출혈이 없는지 확인한다. 두통이 있거나 초점이 일정하지 않아도 머리를 흔들어서는 안 된다. 손상이 커질 뿐이다.

눈은 보이는지, 귀는 들리는지

천천히 눈을 떠보고 잘 보이는지 확인하고 한 쪽씩 본다. 고막이 파열될 가능성도 매우 크기 때문에 주위의 소리가 들리는지 확인한다.

피를 토한다는 것은 내상이 손상됐다는 뜻

외상이 없더라도 내장이 파열됐을 수 있다. 특히 피를 토한다면 내장이 손상됐을 가능성이 크다. 시간이 지나고 나서야 깨닫는 일도 있다.

| 응급처치 |

전쟁 중에는 구급차가 바로 올 수 없기 때문에 직접 자신 또는 주위 사람을 구호해야 할 수도 있다. 전장에서 부상당했을 때는 가장 먼저 지혈을 해야 한다. 사람은 체내 혈액 1/3을 잃으면 생명이 위험해지고 1/2 이상을 잃으면 심폐정지 상태가 된다. 심박 리듬과 함께 핏빛이 선명한 혈액이 뿜어 나온다면 동맥이 끊어진 것이다. 이런 경우에는 한 시라도 빨리 출혈을 멈춰야 한다. 지혈 방법은 여러 가지이지만 가장 먼저 기억해야 할 방법은 직접압박법이다.

직접압박법은 출혈이 있는 곳을 거즈 등으로 강하게 눌러 피를 멈추는 방법이다. 이때 출혈 부위는 심장보다 높게 두어야 한다. 지혈 전용 패드가 있으면 좋겠지만 여의치 않으면 수건이나 옷 등 아무거나 사용해도 된다. 상처가 크다면 상처를 메울 수 있도록 손수건이나 수건을 이용해 출혈을 억제한다. 피가 대량으로 나오면 상처를 보는 것조차 어렵고 손은 미끄러워서 지혈 패드의 포장을 자르는 것도 힘들다. 영화에서는 입으로 포장을 뜯곤 하지만 현실에서는 어렵다. 그래서 실제 군인들은 지혈 패드 포장지에 칼집을 넣어놓기도 한다.

지혈 패드와 지혈 붕대

군대에서는 직접압박법을 할 수 있는
지혈 패드를 휴대한다. 다양한 크기의
지혈 패드와 지혈 붕대가 민간인용으
로도 판매되고 있다. 평소 응급의약품
중 하나로 구비해두면 좋다.

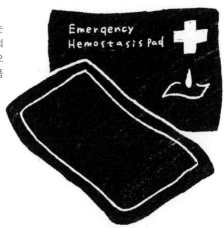

환부를 강하게 압박하여 지혈

직접압박법은 간단하면서도 효과적
이다. 지혈 패드나 손수건, 수건으로
상처 부위를 강하게 눌러 지혈한다.
혈액에 접촉해 발생하는 감염을 방지
하기 위해 피부에 혈액이 묻지 않도
록 비닐을 사용하자.

| 지혈대와 대용품 |

직접압박법으로 피가 멈추지 않으면 지혈대를 사용해야 한다. 지혈대는 사지 부상 시 사용하는 도구로, 밴드를 조이면서 혈류 출혈을 멈추고 상처로부터 출혈을 방지하는 도구이다. 미군은 한 사람당 하나씩 반드시 휴대하고 있으며 구호를 받는 쪽 병사의 지혈대를 사용하는 것이 원칙이다. 자신의 지혈대를 타인에게 사용하면 자신이 필요할 때 곤란하기 때문이다.

지혈대의 막대를 비틀어 벨트를 조이면 되는데, 이 막대를 부상자가 들고 있도록 하는 일도 있다. 그렇게 역할을 줌으로써 의식을 잃지 않도록 하기 위함이다.

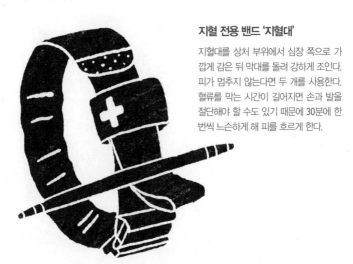

지혈 전용 밴드 '지혈대'

지혈대를 상처 부위에서 심장 쪽으로 가깝게 감은 뒤 막대를 돌려 강하게 조인다. 피가 멈추지 않는다면 두 개를 사용한다. 혈류를 막는 시간이 길어지면 손과 발을 절단해야 할 수도 있기 때문에 30분에 한 번씩 느슨하게 해 피를 흐르게 한다.

지혈대 사용법

막대와 끈을 이용한 지혈법

지혈대는 천이나 끈 또는 딱딱한 막대기로 대체할 수 있지만 상당히 강하게 조여지기 때문에 연필이나 볼펜은 부러지기 쉽다. 또한 이 방법은 강렬한 통증이 동반되고, 끈이 얇을수록 통증이 증가하며 피부 조직을 손상시킬 수 있다.

낙하산 줄과 막대 사용법

낙하산 줄과 막대를 사용하는 경우에는 낙하산 줄을 상처에서 심장 쪽에 가깝게 묶고 막대에 감아 다시 묶는다. 이제 출혈이 멈출 때까지 막대를 빙글빙글 돌린다. 이 방법은 근육과 신경을 손상시킬 수 있으므로 비상시에만 이용한다.

| 위기관리 행동지표, STOP |

미국 아웃도어 분야에서 사용되는 행동지표 'STOP'을 소개하고자 한다.

전시 상황에서는 어떻게 하면 좋을지, 무엇을 해야 할지 마음을 강하게 다잡는 것이 쉽지 않다. 이럴 때 망설임 없이 행동하기 위해 행동지표를 알아두면 심적으로 큰 도움이 되고, 전시 상황뿐만 아니라 기상재해처럼 생존이 필요할 때도 도움이 되므로 기억해두면 좋다. STOP 행동지표에 따르면, 가장 먼저 해야 할 일은 멈추는 것이다. 무턱대고 움직이면 문제는 악화된다. 문제를 인지했다면 가장 먼저 할 일은 '멈춤'이다. 행동을 멈춘(STOP) 후 자신과 가족이 살기 위해 무엇을 해야 할지 생각한다(THINK). 그 과정에서 관찰(OBSERVE)도 필요하다. 자신이 어떤 상황에 놓여 있는지, 무엇을 이용할 수 있는지 정보를 수집하고 생각 중인 정보의 정확도를 높여간다. 생각이 정리되면 구체적인 행동을 위해 계획(PLAN)을 세운다.

계획 없이 행동하는 것은 최대한 자제해야 한다. 전장에서 자신을 잃을 것만 같을 때, 부디 이 행동지표를 떠올리며 마음을 굳게 가지길 바란다.

STOP

움직임을 멈춘다

일반적으로 어떻게 해야 할지 모르면 쓸데없이 더 움직이게 된다. 우선 움직임을 멈추고 자신이 직면한 문제를 인지해야 한다. 현실을 인지하는 것에서 모든 것이 시작된다.

THINK

생각한다

혼란스러운 생각을 제어할 수 있도록 현재 상황을 정리해보고 마음을 안정시킨다. 상황이 벌어진 순간에는 머릿속에 많은 정보가 한 번에 들어가 패닉이 되기 때문에 진정해야 한다.

OBSERVE

관찰한다

현재 처한 환경이나 상황을 관찰한다. 지금 무엇을 가지고 있고, 무엇을 가지고 있지 않은지, 육체와 정신의 상태는 어떤지, 살기 위해 이용할 수 있는 것은 없는지 등 상황을 알면 다음 계획을 세우기 쉽다.

PLAN

계획을 세운다

자신이 놓인 상황을 파악하고 목표를 향해 계획을 세운다. 가능한 한 위험이 적고 노력을 들이지 않으면서 결과를 내려면 어떻게 움직여야 할까. 계획이 곧 생존의 열쇠다.

| 가족의 안부를 확인한다 |

명확한 예고를 하고 전쟁이 일어난다면 몰라도, 대부분의 전쟁은 어느날 갑자기 시작한다. 회사에서 일을 하고 있을 수도 있고, 출장으로 지방에 가있을 수도 있다. 자녀들은 각자 학교에 있을 것이다. 갑자기 전쟁이 일어나면 가족이 함께 있지 않을 가능성이 더 크다.

이런 경우에 가족의 안부를 알 수 있는 몇 가지 방법이 있다. 어떤 방법으로 안부를 확인할지 미리 정해두면 보다 수월하게 서로의 상황을 알 수 있다. 오른쪽 페이지에 있는 방법을 통해 예행연습을 하도록 하자.

하지만 전쟁 중이라면 이런 방법을 사용할 수 없을 가능성도 충분히 있다. 적국에 의해 인터넷과 전화선 등 통신망이 파괴될 수도 있고 자국 정부와 군이 통신을 제한할 수도 있다. 요즘과 같이 매일 인터넷을 사용하는 시대에 전쟁이 일어나면 한순간에 전화조차 할 수 없는 믿기지 않는 상황에 처한다. 이런 상황에 빠진다면 가족의 안부를 확인할 방법이 없어진다. 가장 확실한 방법은 합류 장소, 즉 집합 지점을 정해두고 미리 짜놓은 시간에 집합하는 것이다.

국내에 있는 가족이나 지인의 안부를 확인하는 방법(일본의 경우)

통신업자의 안부 확인 서비스

NTT와 같은 통신업자에 의한 메시지 서비스를 이용하자. 통신량이 폭주해서 연결되지 않는 상태일 때 가족이나 지인에게 메시지를 전달할 수 있다. 해당 서비스는 자연재해용이지만 전시에도 사용할 수 있다.

SNS

페이스북이나 트위터처럼 많은 사람들과 커뮤니케이션을 할 수 있는 SNS도 편리하다. 그러나 미확인 정보나 루머도 많이 올라오기 때문에 현혹되지 말자.

인터넷 서비스

최근 다양한 업체들이 안부확인 시스템을 발표하고 있고, 재해용 메시지 정보를 정리하여 검색할 수 있는 사이트도 있다. 또한 구글에는 퍼슨 파인더(person finder)라는 안부 확인용 웹용 어플리케이션도 있다.

스마트폰용 앱

안부 확인 앱을 미리 다운로드해 두면 좋다. 도쿄도 공식 방재 앱은 안부 확인이 가능할 뿐만 아니라 재해 시 유용한 콘텐츠도 풍부하다.

경비업체의 서비스

유료 법인용 서비스이지만, 미리 옵션 등록을 해두면 만약의 사태에 직원뿐만 아니라 가족의 안부도 확인할 수 있다.

| 지정 집결 지점으로 이동하여 가족과 합류한다 |

자신의 안전이 확보되었다면 가족과 합류한다. 집이 무사하다면 장비와 식량이 있을 테니 우선은 집에 돌아가도록 한다.

대중교통이 운행되면 좋겠지만 미사일이 몇 번이나 떨어진다면 교통망이 마비되어 있을 가능성이 크다. 차는 정체가 심하거나 규제에 걸려 달릴 수 없을지도 모른다. 그러면 발로 걸을 수밖에 없다. 걷는다고 해도 막차를 놓쳐서 걸어서 귀가하는 것과는 개념 자체가 다르다. 온 마을이 혼란으로 휩싸여 있고 다음 미사일 공격과 적군의 침공을 두려워하면서 행동하게 된다. 게다가 가족과 연락이 되고 집도 무사하다면 좋겠지만, 꼭 그렇지만도 않을 것이다. 운이 좋아서 가족과 합류해도 만약 집이 화재로 없어져버렸을 수도 있는데 이때도 낙심하고 있을 겨를이 없다. 이번에는 미리 정해놓은 집결 지점으로 향해야 한다. 가족과 빨리 합류하지 못하면 다음 공격이 있을지도 모르고, 주변의 안전을 확보하지 못해 더 먼 곳으로 대피해야 할지도 모른다. 가족이 뿔뿔이 흩어져서 대피하는 사태는 피해야 한다.

가족 전원이 모일 집결 장소를 반드시 정해둔다. 집결 장소는 하나가 아닌 여러 곳이어야 하며 그 장소를 모두가 알고 있어야 한다.

3

항공기 폭격

| 현대 공습의 의미 |

적이 원거리에서 탄도 미사일로 공격하면 예상할 수 있는 다음 공격은 폭격기에 의한 공습이다. 만약 적국과의 거리가 가까우면 미사일 없이 갑자기 폭격기가 날아올 가능성도 있다. 다만 폭격기가 날아온다 해도 지상에서 보이는 높이에서 폭탄을 우수수 대량으로 떨어뜨리지는 않는다. 미국이 베트남전쟁에서 그랬던 것처럼 무차별 폭탄을 투하해서 주변 일대를 모조리 파괴하는 융단폭격이나 제2차 세계대전 도쿄대공습과 같이 대량으로 폭탄을 뿌리는 폭격은 효율적이지 못하다. 또한 무차별 대량 살인은 국제사회로부터 비난을 받기 때문에 윤리적인 관점에서도 현대에서는 피하고 있다. 현대의 공습은 더 멀리 높은 곳 약 1만m 높이에서 폭탄을 투하한다. 이 고도라면 지상에 있는 사람은 비행기가 날고 있는 것조차 알지 못한다. 스텔스 폭격기라면 아군의 레이더가 작동하더라도 발견하지 못할 가능성이 있다.

최근에는 유도 시스템이 진화하고 있기 때문에 명중률이 매우 높아, 가령 정확히 목표하는 집에 떨어뜨릴 수도 있다.

핀 포인트를 노리는 현대의 공습

폭탄을 수m의 오차로 떨어뜨리는 현대에서는 융단폭격이 비효율적인 방법이라고 할 수 있지만
일대를 모두 파괴하겠다는 의사가 있다면 감행할 우려도 있다.

　또한 한 발로 1km 거리의 큰 구멍이 뻥 뚫릴 정도로 강력한 파괴력
을 가진 폭탄도 있다. 목표가 정확하고 정밀한 폭격과 파괴력이 높은
폭탄이 있으면 굳이 수백수천의 폭탄을 사용하는 융단폭격을 할 필요
가 없을 것이다.

　하지만 생각보다 가까운 과거인 2001년, 미군의 아프가니스탄 침공
과 2015년, 러시아의 시리아 개입에서도 융단폭격을 실행했다.

　정밀 폭격 기술을 가진 두 나라가 융단폭격을 한 이유는 무엇일까.
바로 그 주변을 파괴하고 거기에 있는 사람을 전부 말살하기 위해서이
다. 따라서 만약 무차별적인 융단폭격이 실행된다면 그것은 우리를 세
상에서 말살하려는 의도하에 이루어지고 있다고 생각할 수 있다.

| 공중 폭격 우려가 있는 장소에서 멀어진다 |

공중 폭격의 위력은 굉장하다. 짧은 시간에 연속으로 수 십발의 폭탄이 폭발하고 그 일대를 파괴한다. 하나의 폭탄 안에 소형 폭탄이 100개 가까이 탑재되어 있고 무차별적으로 광범위하게 파괴하는 클러스트 폭탄. 도시 지역에서는 폭발이 아닌 화재를 일으키는 소이탄이 사용될 수도 있다. 실제로 제2차 세계대전 도쿄 대공습 때 사용되기도 했다. 공습의 피해로부터 벗어날 유일한 그리고 최고의 방법은 공습받는 장소로부터 거리를 두는 것이다. 만약 폭탄이 투하되는 그 장소에 있다면, 즉 직격받으면 그늘에 숨는다든지 자신을 보호하는 자세를 취하는 행동을 해도 틀림없이 죽게 된다. 직격받지 않아도 가까이에 떨어지면 생존할지 여부는 솔직히 운이다. 확실하게 생존하기 위해서는 위험하다고 생각되는 장소로부터 벗어나야 한다.

그러나 만약 공습을 받는다면 그곳은 어디일까. 미사일의 표적이 되는 장소처럼 사람이 모이는 도시나 군사적 요충지라는 것을 쉽게 상상할 수 있다. 그러나 그것이 어느 도시인지, 어떤 군사시설인지를 예상하는 것은 어렵다. 오히려 미사일이라면 경보가 울릴 수 있겠지만, 폭격은 언제 시작할지 예상하기 어렵다. 만약 제공권(制空權)을 완전하게 장악했다면 그야말로 언제 어디에서 폭격이 있을지 알 방법이 없다. 그럼 어떻게 하면 좋을지 생각해보면 폭격의 우려가 있는 모든 장소로부터 벗어나는 방법밖에 없다. 일본의 경우 제2차 세계대전 당시

공습받는 장소를 예측하는 것은 어렵다

언제 어디가 공습을 받을까. 그것을 미리 아는 방법은 없다. 이 말은 공습받을 우려가 적은 장소로 도망치는 것 외에 달리 방법이 없다는 뜻이다.

도시 지역의 아이들을 지방 시골로 이동시켰던 학동 소개(學童 疏開)처럼 폭탄이 떨어질 우려가 적은 장소로 이동한다. 즉 이주하는 것이다.

　이주할 장소는 인구가 적은 산촌과 같은 시골이 좋을 것이다. 이런 장소라면 폭격받을 우려는 적고 지상 부대가 왔을 때 몸을 숨길 수 있는 산도 있다. 전자제품 등 현대적인 생활용품은 구하기 힘들겠지만 자연 환경이 풍요로우면 오히려 물과 음식을 손에 넣을 수 있다.

호루라기로 도움을 요청한다

평소 호루라기을 휴대하면 기와 더미에 묻혔을 때는 물론 아니라 위기
의 상황에서 구조를 요청하는 데 도움이 된다.

| 파편에 묻혔다면 |

지상에 쏟아지는 폭탄 비로 인해 거리는 파괴되고 잔해더미로 변해
버린다. 비록 당신이 폭탄의 직격을 피한다고 해도 잔해더미에 깔릴
수도 있다.

만약 잔해에 묻혔다면 밖에 있는 사람들에게 구조를 청할 수밖에 없
다. 자신의 존재를 외부에 알리는 수단으로는 소리와 진동이 있다. 평
소에도 호루라기를 휴대하고 있으면 가장 좋다. 큰 소리를 계속 내면
체력을 소모하고 분진을 흡입하게 되므로 최후의 수단으로 해야 한다.
또한 가스가 샐 우려도 있으므로 어두워도 라이터를 켜서는 안 된다.

가까이 있는 물건을 두드려 존재를 알린다

잔해에 묻혀 있어도 만약 몸을 자유롭게 움직일 수 있다면 돌과 철, 목재 등 딱
딱한 것으로 두드려 소리를 내 밖으로 존재를 알린다.

만약 주위에 쇠 파이프나 목재 등 딱딱한 물건이 떨어져 있으면 서로
부딪치거나 또는 벽 등을 두드려서 소리를 내도록 한다. 이렇게 하면
체력 소모를 줄일 수 있다.

부상이 없는 상태에서 매몰되었을 때 목숨을 잃는 원인은 주로 탈수
와 저체온증이다. 일반적으로 사람이 물을 마시지 않고 생존할 수 있
는 시간은 72시간으로 알려져 있지만, 움직일 수 없는 상태에서 탈수
증상이 계속되면 의식 장애가 일어나거나 결국은 사망에 이르게 된다.
또한 극단적으로 온도가 낮아서 체온을 유지할 수 없으면 불과 몇 시
간 만에 사망할 수 있으므로 가능한 빨리 구조되어야 한다. 하지만 지진
으로 매몰된 후 100시간 지나서 구출된 실제 사례도 있다. 절대로 포
기하지 말고 구조를 기다리자.

| 화재에 휘말린다면 |

화재 현장에서는 불길이 위험한 것은 물론이고 점화 후 실내 산소가 없어지는 산소 결핍 상태와 나무나 플라스틱이 연소되면서 발생하는 유독가스에 의한 중독이 매우 위험하다. 유독가스를 흡입하면 몇 초만에 의식을 잃을 수 있기 때문에 가능한 한 빨리 탈출해야 한다. 먼저 대피 경로를 결정한다. 집이나 회사처럼 익숙한 장소라면 사전에 정해둔 탈출 경로를 이용한다. 일반적인 화재와 달리 여러 장소에서 동시에 불이 날 수 있으므로 탈출 경로를 다양하게 준비해둔다.

탈출 경로를 정했다면 연기를 마시지 않도록 손수건이나 수건, 옷 등으로 입과 코를 막고 몸을 낮춘 후 탈출한다. 화재 연기는 천장부터 아래로 퍼지기 때문에 몸을 낮추면 연기를 흡입하지 않고 시야도 확보할 수 있다. 연기 속을 이동할 때는 숨을 멈추지 말자. 숨을 멈추면 한순간 크게 호흡하게 되는데 이때 연기를 다량으로 흡입하게 된다. 그렇기 때문에 숨을 멈추지 말고 최소한의 호흡을 이어가야 한다. 만약 문이 어디 있는지 모를 정도로 연기가 가득 찼다면 네 발로 기어가는 자세를 취하고 발끝으로 벽을 더듬으며 이동한다. 그렇다면 언젠가는 문에 도착한다.

시야가 보이지 않으면
발끝으로 벽을 더듬으며 이동한다

문이 어디 있는지도 모를 정도로 실내에 연기가
가득 찼다면 발끝으로 벽을 타고 이동한다.
최단거리는 아닐 수 있어도 확실하게 문에 도착
할 것이다.

115

| 자신의 안전을 확보한 후 구조 활동을 수행한다 |

구조 활동의 기본은 자력구조를 우선하는 것(self rescue first)이다. 이는 자신의 안전을 최우선으로 생각한다는 개념의 구조 방법이다. 먼저 자신을 구한 다음 이웃과 함께 구조 활동에 나서야 한다.

바로 눈앞에서 아이가 익사했다고 가정해보자. 이때 자신의 몸을 우선으로 생각할 것인가 아이를 구조할 것인가. 분명 대부분의 사람은 물로 뛰어들 것이다. 그런데 이 행동은 정말 정답일까. 수중 구조는 매우 복잡하고 구조 방법에도 선택 순서가 존재한다. 뛰어들 때에는 막대기, 로프 등을 이용해 끌어당기거나 보트를 사용하는 등 위험이 낮은 구조 방법부터 검토해야 한다. 이 방법을 모르는 사람이 물에 뛰어들면 당연히 피해자가 한 명에서 두 명으로 늘어나게 된다.

사실 이런 상황에서는 기술을 익혔거나 준비되어 있는 사람만 위기에 처한 사람을 돕고 본인도 생존할 수 있다. 이와 같은 상황에서 타인을 돕고 싶다면 도울 수 있는 기술을 얼마나 습득했는지의 여부를 따져봐야 한다. 준비는 지금이라도 시작할 수 있다.

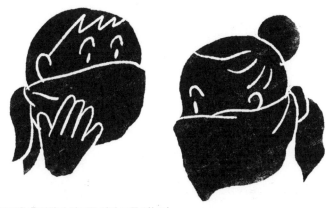

분진을 흡입하지 않도록 입과 코를 막는다

실제 폭격 현장은 화염으로 인한 연기 또는 건물의 붕괴에 의한 분진으로 시야 확보가 어렵고 호흡도 곤란하다. 수건이나 손수건으로 입과 코를 막는 것이 간단하면서도 효과적이다.

끊어진 전선이나 가스 누출 주의

폭격 후 끊어진 전선을 발견했다면 감전 위험이 있으므로 접근하지 말 것. 또한 가스가 누출될 수 있으므로 주의한다.

4

가공할 만한 NBC 병기

| NBC 병기란 |

세상에는 수많은 무기가 있지만 그중에서도 비인도적이고 가공할 만한 무기가 바로 NBC 병기이다. 무기는 본래 사람을 죽이는 도구이기 때문에 인도적인 부분을 따질 가치도 없지만 그래도 대량으로 인간을 살상하는 무기는 다른 무기와 구별되어야 마땅하다.

NBC의 N은 NUCLEAR WEAPON에서 따온 것으로 즉, 핵무기라는 뜻이다. 핵무기가 얼마나 비참한 무기인지는 세계 유일의 피폭국인 일본 국민이라면 누구나 잘 알고 있을 것이다. 1945년, 미국이 히로시마와 나가사키에 원자폭탄을 투하했다. 당시 사망자 수는 지금까지도 정확하게 알려져 있지 않지만, 단 한 발의 폭탄으로 군인뿐만 아니라 민간인 게다가 어른 아이 상관없이 많은 사상자가 나왔다.

B는 BIOLOGICAL WEAPON, 즉 생물무기이다. 세균이나 바이러스를 이용하여 인체에 심각한 피해를 준다.

마지막으로 C는 CHEMICAL WEAPON으로 화학무기를 뜻한다. 이것 또한 일본에서 발생 사례가 있다. 1995년, 옴 진리교가 지하철 내부에 맹독 신경가스인 '사린'을 살포한 사건이 바로 그것이다.

Nuclear Weapon

핵무기

핵분열과 핵융합을 통해 에너지 파괴를 근원으로 하는 무기로, 충격파와 열풍, 방사선 등을 통해 대량으로 파괴한다. 유사 폭발물 중에서는 파괴력이 가장 강력하고 단 한 발만 있어도 도시 하나를 파괴할 정도의 에너지를 가지고 있다.

Biological Weapon

생물무기

세균이나 바이러스를 가진 무기이다. 우라늄이나 플루토늄 등이 필요한 핵무기와 비교하면 개발이 비교적 용이하고 테러에도 사용된다. 주로 탄저균, 천연두가 이에 해당한다. 하지만 현재 제네바 협약에 의해 사용이 금지되어 있다.

Chemical Weapon

화학무기

머스터드 가스, 사린, VX가스 등 인공적으로 만들어진 독가스를 이용한 무기이다. 소량으로도 치명적인 손상을 주고 후유증도 남길 수 있다. 한 발로 대량의 사상자를 발생시키는 무기이기 때문에 역시 제네바 협약에서 사용이 금지되었다.

| 핵공격 대응 |

핵무기는 강렬한 빛과 열파, 방사선, 폭풍, 전자기 펄스 등으로 주변 수 십km에 치명적인 피해를 준다. 또한 직접적인 타격을 받지 않는 거리까지 방사성 낙하물이 확산되어 피해를 끼친다.

폭발 직후의 방사성과 그 이후의 방사성 낙하물로부터 몸을 지키기 위해 필요한 요소는 거리, 차폐물, 시간 3가지이다.

폭발 시 멀리 떨어져 있는 것은 당연하고, 방사성 낙하물이 바람을 타고 먼 거리까지 날아가기 때문에 폭발 후에도 가능한 한 멀리 떨어져 있어야 한다. 콘크리트로 된 두꺼운 벽이 있는 빌딩 안으로 대피하

막대한 피해를 초래하는 핵공격

현대에서 가장 큰 위력을 가진 무기는 바로 핵무기이다. 실제로 사용될 가능성은 낮다고 알려져 있지만 아직도 세계에는 약 1만발 정도의 핵무기가 존재한다.

고, 실내에서는 창문을 닫는다. 여유가 있으면 덕트테이프로 창문 틈새를 봉쇄한다. 주위에 건물이 있다면 중앙부의 창문 없는 방으로 들어간다. 지하실이 있다면 가장 좋다.

섬광으로 인해 실명할 우려가 있으므로 폭발 순간을 절대 직접 보면 안 된다. 들어갈 만한 건물이 없다면 차폐물에 몸을 숨기거나 또는 상의를 입고 입과 코를 손수건으로 가려 피부의 노출을 가능한 한 최소화하여 폭발에 대비한다. 폭발 지점으로부터 떨어져 있다면 충격파가 오는 데 30초 이상 걸릴 수도 있다. 폭발 후에는 폭발 지점으로부터 신속하게 대피하되, 방사성 낙하물이 날리는 방향으로 달아나지 않도록 유의한다. 안전한 장소로 대피하면 방사선량이 떨어질 때까지 기다린다. 최소 24시간은 밖으로 나오지 말아야 한다.

핵무기로 인한 피해란

착탄 시의 열선과 충격파에 의한 피해

핵반응에 의한 폭발은 수백만 도의 열을 발생하면서 폭발 지점으로부터 강렬한 빛과 열방사, 폭풍이 빠르게 확대된다. 그 방사선과 열파, 폭풍은 인공물과 인체에 치명적인 피해를 끼친다.

방사성 물질에 의한 피해

폭발 후 열이 감소하면 기화된 방사성 물질이 입자가 되어 만들어진 방사성 낙하물이 지상으로 쏟아져 광범위한 피해를 초래한다. 방사성 낙하물에 의한 방사선량은 24시간이 지난 뒤 현저하게 감소한다.

| 핵공격을 받는다면 |

착탄 시

폭발 시 섬광은 절대 보면 안 된다

핵폭탄이 폭발할 때 생기는 섬광과 불덩어리로 인해 실명할 수 있기 때문에 직접 봐서는 안 된다.

차폐물을 찾아 몸을 숨긴다

콘크리트와 같은 차폐물은 질량이 높은 소재이고 두꺼워서 차폐효과가 높다. 여의치 않으면 천 한 장이라도 소중히 생각하자. 아무 것도 없는 것보단 낫다.

착탄 후

폭발 지점에서 멀리 떨어져 실내로 대피한다

폭발이 일어나면 폭발 장소로부터 신속하게 달아나 실내로 대피한다. 이때 바람이 부는 쪽으로 도망가서는 안 된다.

손수건으로 입과 코를 막는다

대피할 때는 방사성 물질의 흡입을 방지하기 위해 손수건이나 수건으로 입과 코를 막는다.

지하를 통해 대피한다

지하상가와 같은 지하시설이 있다면 그쪽으로 대피한다. 이 또한 방사성 물질로부터 몸을 지키기 위함이다.

대피 후

옷을 벗어 비닐봉지에 넣는다

방사성 분진을 흡입하지 않도록 조심하면서 옷을 벗어 비닐 봉투에 넣고 밀봉한다. 현실적으로 옷을 벗는 것이 어렵다면 바깥에서 옷을 턴다.

샤워할 때 비누로 몸을 잘 씻는다

비누로 머리와 몸을 씻는다. 컨디셔너를 사용하면 방사성 물질이 머리에 부착할 수 있기 때문에 사용하지 않는다. 샤워가 어렵다면 젖은 천으로 피부를 닦는다.

오염이 의심되는 물과 음식은 먹지 않는다

물과 음식이 있어도 오염 가능성이 있다면 먹지 않는다. 만약 오염되었다면 내부 피폭을 일으킬 것이다.

환풍기를 막은 후 창문을 닫고 틈새를 막는다

오염된 분진이 내부로 들어오지 않도록 환풍기를 멈춘다. 창문을 닫은 후 덕트 테이프나 검 테이프로 창문 틈새를 막는다.

내부에 머물면서 정보를 수집한다

대피에 성공했다면 밖으로 나오지 말자. 2주 정도면 방사성 물질에 의한 위험은 낮아진다. 2주가 될 때까지 라디오 등을 통해 정보를 수집한다.

| 생물무기 공격을 받는다면 |

세균이나 바이러스로 인체를 공격하는 생물무기는 미사일, 폭탄뿐만 아니라 음식물에 넣거나 분무기로 살포하는 등 공격 방법이 다양할 뿐 아니라 막는 것 또한 어렵다. 게다가 사람을 매개로 하는 천연두 바이러스를 사용한 경우, 감염된 사람이 2차 감염을 일으키면서 피해가 확대된다. 세균이나 바이러스는 눈에 보이지 않기 때문에 공격 자체를 알아채지 못할 수도 있다.

만약 이러한 공격이 실행됐다면 공공기관이 조사 결과를 발표할 때까지 외출을 자제하고 오염됐다고 의심되는 음식물은 섭취하지 않도록 한다. 본인의 몸에 변화를 느낀다면 의료기관에서 진료를 받자. 만일 생물무기가 가까이에서 사용된 경우, 즉시 그 장소를 떠날 것. 손수건으로 입과 코를 막고 외부 공기가 들어오지 않는 밀폐된 실내 또는 감염 우려가 없는 먼 지역으로 대피한다. 대피 후에는 옷을 벗어 비닐봉투에 넣고 밀봉한 뒤 격리시킨다. 물과 비누를 사용하여 전신을 깨끗이 씻는다. 만약 가까운 곳에서 감염자가 나온 경우 감염자가 사용했던 물건을 만지지 말고 손을 자주 씻어 2차 감염을 방지한다. 감염자 격리도 고려해야 한다.

생물무기에 대한 대책

손수건으로 입과 코를 막고 그 장소를 떠난다

위협으로부터 멀리 떨어진다. 세균이나 바이러스의 흡입을 방지하기 위해 손수건으로 입과 코를 막고 신속하게 최대한 멀리 이동한다.

실내라면 창문을 닫고 틈새을 막는다

실내에 있다면 외부 공기의 침입을 막기 위해 창문을 닫고 환풍기를 끈다. 틈이 있는 경우 덕트 테이프를 사용해 틈을 막는다.

옷을 벗어 비닐봉투에 넣고 밀봉한다

오염되었다는 위험을 느꼈다면 대피한 후 천천히 옷을 벗어 비닐봉투에 넣고 밀봉하고 오염되지 않은 옷으로 갈아입는다.

감염자의 물건은 만지지 않는다

이웃이 감염된 경우 그 사람이 사용한 물건은 만지지 않는다. 또한 손을 자주 씻도록 한다.

생물무기에 의한 공격은 아무도 모르는 사이에 피해가 확대된다. 바이러스나 세균이 부착됐을 가능성이 있는 물건은 부주의하게 만지거나 냄새를 맡지 않도록 하고 비닐봉지나 용기에 넣어 밀봉할 것.

│ 화학무기 공격을 받는다면 │

독성이 강한 화학물질을 사용하는 공격도 생물무기와 마찬가지로 미사일뿐만 아니라 음식물에 넣거나 분무기로 살포하는 등 다양한 방법으로 공격이 이뤄진다. 폭발물에 의한 살포가 아니기 때문에 발견이 늦어질 수 있어 주의해야 한다.

화학무기는 핵무기보다 훨씬 작은 시설과 저렴한 비용으로 제작 가능하면서도 피해는 막대해서 무기로서 매우 효율적이다. 게다가 상대편 군인이나 민간인에게 주는 심리적 데미지도 크다. 그렇기 때문에 국제 조약으로 보유 및 사용이 금지되어 있지만 지금까지도 많은 분쟁 지역에서 사용되거나 사용 의혹이 보고되고 있다. 실제로 전쟁이 벌어지면 사용될 가능성이 적지 않다.

화학무기는 혈액에 작용하여 세포 내 호흡을 저해하는 혈액제와 피부나 호흡기 등에 염증을 일으키는 미란제, 신경 전달 장애를 일으키는 신경제, 호흡기계에 작용하여 호흡 장애를 일으키는 질식제 등으로 분류한다. 시위 진압에 사용되는 최루제도 화학무기의 일종이다. 종류에 따라 작용 및 지속 시간이 다르다. 베트남전쟁 당시 미국이 고엽제를 사용하여 베트남 전 지역에 출산 이상 현상이 일어났고 이 피해는 오랜 시간이 지나도 확대되기도 했다.

주요 화학무기

머스터드 가스

이페리트라고 불리는 미란성 독가스이다. 머스터드와 같은 냄새가 나며 제1차 세계대전에서 많이 사용됐다. 지효성이기 때문에 가스를 맞아도 증상이 나타나기까지 시간이 걸린다.

VX가스

살상 능력이 매우 높다고 알려진 무취의 신경계 가스이다. 호흡기뿐만 아니라 피부에 약간만 흡수되어도 확실하게 사람을 죽음에 이르게 한다. 휘발성이 낮고 살포 후 1주일 정도 효과가 지속된다.

사린

옴 진리교 테러 사건에 사용되어 유명해진 신경제이다. 무색무취로 독성이 매우 강하고 호흡기나 피부를 통해 흡수된다. 두통, 구토, 현기증, 착란, 호흡 곤란 등의 증상이 나타난다.

시안화수소

혈액제의 한 종류이다. 약한 아몬드 냄새가 난다고 알려져 있다. 초기 증상은 두통과 현기증이고 마지막에는 호흡 곤란에 빠져 사망한다. 효과의 지속시간은 최장 하루로 그리 길지는 않다.

포스RPS

대표적인 질식 계열의 맹독 가스로 제1차 세계대전 당시 많은 국가에서 사용됐다. 흡수하면 몇 시간의 잠복기 후 숨이 차거나 호흡 곤란 증상이 나타나고 이후 폐수종을 일으켜 사망한다.

화학무기에 대한 대응

화학제는 바람이 부는 방향으로 비산하기 때문에 대피할 곳은 발생원이라고 생각되는 장소의 맞바람 방향으로 대피해야 한다. 생물무기 대응처럼 손수건으로 입과 코를 막고 밀폐된 실내나 떨어진 언덕으로 신속하게 이동한다. 빌딩에 들어간다면 가능한 위층으로 갈 것. 실내에서는 창문을 닫고 틈새를 막아 외부 공기의 침입을 막는다.

옷, 시계, 콘택트렌즈 등 몸에 착용했던 것은 모두 처분한다. 옷에 붙어 있던 화학물질이 피부에 부착될 수 있으므로 옷은 가위로 자른다.

그 후 물과 비누를 사용하여 전신을 깨끗이 씻는다. 이상을 느끼면 즉시 의료기관으로 간다.

입고 있는 옷은 가위로 잘라 버린다

화학제는 호흡기뿐만 아니라 옷으로도 흡입된다. 평소처럼 옷을 벗으면 표면에 부착된 화학제가 피부에 닿을 우려가 있으므로 가위로 옷을 잘라 비닐봉지에 넣는다. 오염된 지역에는 가까이 가지 않을 것.

STAGE 4

점령

1

적군 상륙

결국, 적이 눈앞에

자국에 적의를 가진 다른 국가의 군대가 무기와 병기를 가지고 속속 상
륙한다. 상상만 해도 두렵지만 이러한 사태도 예상해놓아야 한다.

| 상륙 시나리오 |

미사일 및 폭격 후 결국은 적군이 자국에 상륙한다. 미사일과 폭탄도 물론 무섭지만 무기를 소지한 군인이 대량으로 밀려오면 적과의 거리가 단숨에 줄어든다. 실제로 적을 마주하면 큰 공포를 느낄 것이다.

대표적인 것이 노르망디 상륙 작전이다. 1944년, 연합군이 제2차 세계대전에서 독일 점령하의 유럽에 침공하기 위해 프랑스 북서부 노르망디에 상륙을 시도한 작전이다. 영국, 미국, 프랑스 등으로 이루어진 연합군은 6월 6일에 함정으로부터 포격을 가하고 폭격기와 전투기로 공습한 뒤 낙하산, 글라이더, 상륙정 등 병력을 상륙시켜 나치 독일군을 공격했다. 당시 병력은 병사 17만 명 이상, 함정 약 4천 척, 항공기약 1만 대로 규모가 아주 컸다. 사상자가 첫 날에만 병사 1만 명이나됐을 정도로 엄청난 격전이었다. 제2차 세계대전 막바지에 미군에 의해 행해진 이오지마 상륙 작전에서는 일본군은 전멸했고 미군도 3만명에 가까운 사상자가 발생하는 등 매우 치열한 전투가 벌어졌다. 방비가 갖춰진 진지에 각오를 하고 공격하는 상륙 작전에서는 필연적으로 전투가 격렬해진다.

하지만 현대에서는 이처럼 큰 희생을 각오한 상륙 작전을 단행할 가능성은 낮다. 그 전에 반드시 미사일과 폭탄을 쉴 새 없이 퍼부어 이쪽의 공격 거점을 무너뜨릴 것이다. 수만 명의 병사를 희생하는 것보다훨씬 효율적이기 때문이다. 이렇게 원격지에서 공격해 공격 능력을 잃게 한 후 마지막에는 결국 상륙 부대를 보낸다. 적군의 함정이 바다를 장악하게 될지도 모른다. 상상하고 싶지 않지만 이에 반격할 힘이 없으면 적은 더욱 위압적으로 당당하게 상륙할 것이다.

　이런 경우 일반 시민이 할 수 있는 일은 그다지 많지 않다. 물과 식량을 확보하고 전시하의 지도나 집합 장소를 재차 확인해야 하며 이를 가족과 공유한다. 또한 적군으로부터 도망치게 되는 경우를 위해 피난처를 준비해 두고 앞으로의 모든 사건에 대해 단단히 각오를 해두는 것 정도이다.

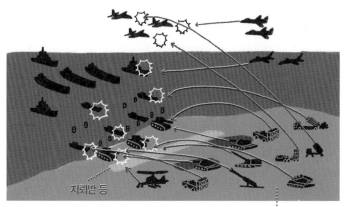

지뢰밭 등

상륙 저지 부대

상륙을 저지하기 위한 작전의 예

전차와 상륙정 등 상륙 부대를 저지하기 위해 해안을 따라 지뢰밭을 설치한다. 동시에 대전차 유도탄, 전투 헬기, 탱크 등으로 이루어진 저지 부대로 상륙 부대를 공격한다.

| 비밀리에 상륙하는 정예 부대 |

엄청난 규모의 병력이 바다로 당당하게 상륙해온다. 그러나 그 전에 소규모 부대가 비밀리에 상륙해 특수 작전을 수행할 가능성이 매우 크다.

이러한 작전의 가장 큰 목적은 본체 상륙 전에 적의 병력과 방어 체제를 알기 위한 정찰행위일 가능성이 크다. 배치나 병력을 알면 공격 대상이 보다 명확해져 전투에서 우위에 설 수 있다. 이밖에도 방송국, 통신설비, 발전소 등 시설 점거 및 파괴를 목적으로 할 수도 있다. 오지에 잠입해 중요 시설을 파괴하거나 통신망과 생활 인프라를 없애 혼란을 일으키는 것이다.

이때 무서운 것이 바로 게릴라적 파괴 공작이다. 원자력발전소를 파괴하거나 생화학무기, 폭탄 등으로 무차별 공격을 하면 대량의 피해자가 발생할 것이다.

이런 작전을 수행하는 부대가 소규모라고 해서 전투 능력이나 공격력이 낮은 것은 아니다. 오히려 정반대이다.

적국 내에 잠입하여 다양한 작전을 수행하려면 뛰어난 기술과 정신력이 필요하다. 특수 훈련을 받은 그 나라 최고의 군인들로 구성된 부대일 가능성이 크다. 그 예로, 미국에는 포스 리콘이라는 해병대 무장정찰 부대가 있다. 이 부대는 해병대 중에서도 정예 중의 정예이며 적진에 가장 먼저 뛰어든다. 어떤 때는 은밀하게, 어떤 때는 위협적으로

**어두운 밤을 틈타
소수정예 부대가 상륙**

정예 부대가 낙하산이나 고무보트를 이용해 비밀리에 상륙한다. 뒤따르는
부대의 상륙을 돕고 파괴 공작과 정찰 행동을 한다.

정찰 공격 행동을 수행한다. 이 부대는 훈련이 매우 혹독한 것으로 알려져 있다. 대원들은 낙하산 강하기술, 정찰기술, 사격기술부터 다이빙, 서바이벌, 클라이밍 기술 등 육해공 모든 작전 행동을 매우 높은 수준으로 수행할 수 있는 기술을 지니고 있다.

어두운 밤을 틈타 바다와 하늘에서 침투해오는 특수부대를 만날 일은 보통 없다. 만약 만난다면 그들의 실수이거나 들켜도 괜찮다고 생각한 때이다. 이 경우 불행하게도 살 수는 없다.

| 일반적인 병사의 자세 |

군인의 종류는 다양하다. 국가별로도 다르고 같은 국가 안에서도 부대에 따라 장비가 다르며 주어진 임무에 따라 다르기도 하다.

보병은 군인 중에서 역사가 가장 오래됐고 인원도 가장 많다. 말 그대로 도보로 이동하는 군인인데, 현대에 와서는 비행기, 헬리콥터, 자동차 등을 이동수단으로 사용하기도 한다. 또한 시대와 전장에 따라 말과 자전거를 이용한 부대도 있다.

보병은 전쟁 역사의 시작부터 등장하는 전통적인 군인이고, 지금도 지상을 점령하려면 없어서는 안 된다. 적국이 상륙했을 때 우리가 많이 볼 수 있는 군인도 아마 보병일 것이다.

하지만 장비 역시 시대와 함께 진화하고 있다. 고대 그리스 보병의 무기는 도끼, 창, 검, 활, 방패 등이었지만 현대 보병의 무기는 총이 중심이다. 현대의 보병이 가진 총기 중에서 가장 일반적인 것이 어설트 라이플, 즉 자동소총이나 돌격소총이다. 이것은 풀 오토 사격(연사)이 가능한 타입의 소총으로 사정거리가 길지도 짧지도 않아 보병이 소지하기에 균형이 좋다.

제2차 세계대전 이후를 배경으로 한 전쟁 영화에서 군인들이 어깨에서 늘어뜨리고 있는 것으로 잘 알려진 AK-47 또는 M16은 총기에 관심이 없는 사람이라도 한 번쯤 들어본 적이 있을 것이다. 이 돌격소총과 수류탄 그리고 나이프가 보병이 가진 기본 무기의 전부이다. 국

일반적인 군인의 장비

전투배낭

군용 가방이다. 음식과 물 등을 작전에 필요한 기간만큼 넣고 다닌다.

응급처치

다칠 때를 대비해 지혈대나 지혈 패드 등 최소한의 구호용 세트를 가지고 다닌다.

헬멧

머리를 보호한다. 암시장치용이 부착된 형태도 있다.

나이프

다목적용 나이프를 장착한다. 부대에 따라 토마호크(도끼)를 장착할 수도 있다.

돌격소총

일반 군인이 가진 가장 표준적인 총기이다. 단발 공격뿐만 아니라 연사도 가능하다.

권총

돌격소총의 예비로 권총을 소지한다. 그렇지 않은 나라도 있다.

수류탄

수류탄을 몇 개 휴대한다. 벽 너머와 같이 사격할 수 없는 곳을 공격하는 데 사용한다.

예비 탄약

전투용 조끼에는 탄약을 넣는 주머니가 부착되어 있다.

모든 군대의 기본 장비는 같다

각국의 상황에 따라 조금씩 바뀌긴 하지만 군인이 가진 장비는 대략 비슷하다. 임무에 따라 다른 장비가 더해지거나 빠지기도 한다.

가에 따라 권총을 소지한 군인도 있다. 그 외에 예비 탄약이나 헬멧, 방탄조끼 등을 장착한다. 군용 가방에는 필요한 식량을 넣어 휴대한다. 군인의 계급 명칭은 국가에 따라 조금씩 다르지만 일반 기업과 마찬가지로 명확하다. 미디어에서 자주 보이는 계급을 예로 든다면 대령과 대위는 명령을 내리는 사관이며 일반 기업으로 따지면 부장 이상이라고 할 수 있다. 상사와 하사라고 불리는 하사관은 상사와 부하 사이에 낀 중간 관리자이고 실제 현장에서 중심적인 존재가 된다. 마지막으로 상병이나 이병은 이른바 평사원과 같다. 군인 세계에는 모든 유형의 인간이 있다는 생각이 든다.

부대의 체제도 일반인들에게는 친숙하지 않을 것이다. 이것도 국가에 따라 크게 달라지므로 대략적으로만 말해보자면, 실제로 함께 작전 행동을 취하는 최소 단위의 분대는 8명에서 12명 정도이고, 그것이 두 개 이상이 모이면 30명에서 60명 정도가 되어 소대가 된다. 거기서 더 커지면 중대, 대대, 연대, 여단, 사단이 된다. 중사부터 중위가 소대를 주관하고 중령부터 대령이 연대를 이끌고 그 이상의 규모는 장군이 이끈다.

지휘관의 계급과 부대의 체제

장교	부사관	병사
대장, 중장 소장, 준장, 대령 중령, 소령, 대위 중위, 소위	상사, 원사 중사, 하사	병장, 상병 일병, 이병

세분화된 계급

군대도 계급에 따라 세세하게 신분이 나뉘어 있다. 나누는 방법은 국가별로 다르지만 일반적으로 이등병과 상병이 일반 군인, 그 위 상사와 중사, 하사 등 부사관이 현장 감독이다. 그 위의 장교는 작전을 지휘한다.

명칭	인원	지휘관
사단	10,000 ~ 20,000	중장 ~ 소장
연대	500 ~ 5,000	대령 ~ 중령
대대	300 ~ 1,000	중령 ~ 소령
중대	60 ~ 250	소령 ~ 대위
소대	30 ~ 60	중위 ~ 중사
분대	8 ~ 12	중사 ~ 상병
반*	4 ~ 6	상병 ~ 일병

* **반(班)**은 육군 또는 해병대에서 8~20명 정도로 구성되어 있으며 지휘관은 보통 하사나 중사가 맡는다. 영국, 미국, 프랑스 같은 경우 반을 소대와 동급으로 분류한다. 중국의 경우 8~15명으로 구성되어 있으며 한국의 분대에 해당되는 단위이다. – 감역자 주

부대의 규모

부대의 체제와 호칭도 국가에 따라 크게 다르다. 그러나 일반적으로 행동하는 최소 단위 부대는 4~12명 정도이다. 이러한 소규모 부대가 몇 개 모여 소대, 중대, 대대처럼 큰 단위가 된다. 또한 실제로 작전을 수행할 때는 작전 내용에 맞게 부대가 편제(編制)되는 경우도 많다.

| 전쟁 중 민간인은 어떤 취급을 받나? |

국가와 국가 간의 전쟁에서 군이 지켜야 할 규칙이 있다. 바로 전시 국제법(international law or war, 일명 전쟁법)으로, 전쟁 중일 때뿐만 아니라 전쟁 시작 전부터 준수해야 한다. 전시 국제법으로 잘 알려진 것은 1899년 네덜란드 헤이그에서 채택된 만국평화회의와 1949년 이후 스위스 제네바에서 체결된 제네바 협약이다. 주로 전투 시 반인도적인 행위를 금지하고 포로와 민간인을 보호한다는 내용이 담겨 있다.

헤이그 만국평화회의에서는 독 또는 독을 통한 무기의 사용과 불필요한 고통을 주는 무기의 사용을 금지하는 한편, 적의 국민과 무기를 버리고 항복 의사를 밝히는 적군을 살상하는 것도 금지하고 있다. 또한 종교, 학술, 자선 용도의 건물이나 병원에 대한 공격도 제한한다. 제네바 협약에서도 공격의 대상이 되는 것은 전투원이나 군사기지, 무기 등 군사시설이며 민간인, 병원, 교육시설, 원자력발전소 등은 공격을 금지하고 있다. 그리고 적대 행위에 직접 참여하지 않는 이들은 어떤 경우에도 인도적으로 대우해야 하며 폭행, 살인, 고문 등의 행위도 금지한다는 내용이 담겨 있다. 그 외에 대인지뢰, 화학무기, 세균무기, 독가스의 개발이나 생산, 보관을 금지 또는 제한하는 국제법도 있다.

학교

병원

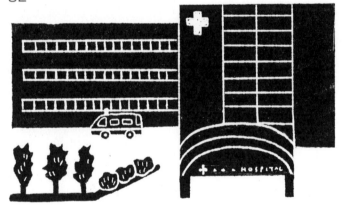

국제법에 의해 공격이 금지된 시설

제네바 협약과 헤이그 만국평화회의 등을 거쳐 책정된 전시국제법에 따르면 민간인에 대한 공격이나 교육시설, 병원 등을 향한 공격은 금지되어 있다. 그래서 이런 시설들은 피난처 후보로 거론되긴 하지만 모두가 한꺼번에 몰리면 실제로 보호와 치료를 필요로 하는 사람들이 안에 들어갈 수 없는 사태가 생길지도 모른다.

오늘날에는 독가스를 사용하거나 민간인을 공격하고 포로를 학대하는 비인도적인 행위를 한 것이 밝혀지면 필연적으로 전 세계적에서 비난을 받게 된다. 공격하는 측에서도 그런 행위는 가능하면 피하고 싶어 한다. 그래서 웬만하면 민간인은 공격의 대상이 되지 않는다. 하지만 실제로는 어떨까. 전시국제법은 가입되어 있는 국가에게만 적용되며 그렇지 않은 국가에서 실제로 전시 상황에 이를 준수할지는 모를 일이다. 세계 곳곳에서 일어나고 있는 분쟁을 살펴보면 민간인이 폭격 피해를 당하고 있지 않다고도, 포로가 항상 인도적인 대우를 받고 있다고도 말할 수는 없다. 독가스를 이용해 학교를 습격하는 사건도 종종 있다. 민간인을 지켜주기 위해 제정된 국제법이 제기능을 충분히 하지 못하고 있는 것이 현실이다.

폭격을 피하기 위해 병원이나 학교로 숨는 것은 생명을 보호하기 위한 효과적인 방법이다. 하지만 실제로 폭격을 받을 때 주민 모두가 숨을 수 있을지는 불분명하다. 시설 규모가 작다면 수용 인원에 한계가 있을 것이기 때문에 숨지 못한다면 추후 경찰이나 군에게 구제될 수도 있다. 숨을 장소를 생각해 두는 것도 좋지만 반드시 그곳에 숨을 수 있을 거라고 생각해서는 안 된다.

국제법으로 금지 · 제한되는 행위

▶ 휴전 깃발, 적십자 깃발을 내걸고 하는 군사 행동

▶ 조난 신호를 부정하게 사용하는 것

▶ 적국의 군복 또는 표식 사용

▶ 비전투원 공격

▶ 항복한 병사에게 위해를 가하는 것

▶ 일반인 공격, 강제 이송

▶ 대인지뢰, 화학무기 사용 등

과연 전시 중에도 법이 있을까

전시 중에도 법은 있다. 하지만 국가 내에서 법을 어긴 사람은 벌을 줄 수 있는 조직이 있지만 그렇지 않은 국가도 있다. 민간인을 공격하지 않고 화학무기, 세균무기를 사용하지 않을 거라고 단정할 수는 없다.

| 자신이 취할 행동을 결정한다 |

자국의 군대는 더 이상 제 역할을 하지 못하고 적군이 상륙한다. 자신이 사는 지역으로 진군해온다는 소식을 전해 듣는다. 당신은 어떻게 행동해야 할까.

이때 가장 중요한 것은 적국이 어떤 목적으로 전쟁을 걸어오는지 인지하는 것이다. 전쟁을 걸어온 이유는 국토 안에 있는 자원이 목적일 수도 있고, 영토를 넓히고 싶은 것일 수도 있다. 또는 이전에 침공받은 것에 대한 원한과 복수심이 원인일 수도 있다.

전쟁의 이유를 알면 적군이 우리를 어떻게 할지 예상할 수 있다. 침공했다 해도 기존 시설과 조직을 그대로 사용하면서 통치하고 싶어하면 민간인을 마구잡이로 살해하거나 마을을 파괴하지는 않을 것이다. 추후 통치하게 될 때 민간인들이 반감을 가질 만한 행동은 가능한 한 하지 않는 게 좋고 시설과 장비를 다시 만드는 것도 큰 수고이기 때문이다. 만약 자원을 원한다면 노동력으로 쓸 민간인을 최대한 남겨둘 것이다.

만약 적국의 군인들이 일반시민을 인도적으로 다루고 있다는 확실한 정보가 있다면 그대로 집에 남아 제대로 식량을 비축한 뒤 적군을 기다리는 선택지도 있다.

물론 그렇지 않은 경우도 있다. 예를 들어 민족 말살이 목적이라면 학살될지도 모른다. 원한과 증오가 근원에 있다면 체포되어 고문받은

올바르게 상황을 판단하고 행동한다

적군이 다가왔을 때 고려해야 할 선택은 크게 3가지이다. 포로가 되거나 도망치거나 싸우는 것이다. 적이 어떤 목적을 갖고 시민을 어떻게 다루는지 판단한 후 생존 가능성이 높은 쪽을 선택한다.

후 끝내 학살될 수도 있다. 이런 상황에서는 도망치는 방법밖에 없다. 가족과 함께 최소한의 짐을 가지고 적군으로부터 가능한 한 멀리 도망가야 한다. 그렇지만 적군의 위치나 규모에 대한 정확한 정보를 입수하는 것은 어렵기 때문에 어쨌든 최대한 사람이 많이 살지 않는 내륙쪽으로 도망갈 수밖에 없다. 싸우는 것도 또 하나의 방법이다. 생존 가능성은 낮지만 마냥 죽는 것을 기다리는 것보다는 낫다.

| 소개(疏開)를 검토한다 |

당신이 살고 있는 곳은 어떤 곳일까. 수십만 명이 사는 큰 도시의 아파트일까, 도시 근교의 주택가일까, 주변 수 km 내에 사람이 살지 않는 외진 곳일까.

적군이 시시각각 다가오고 있을 때 거주지의 환경이 매우 중요하다. 수도권 아파트에 살고 있다면 주위에 사람이 많아 든든할 것이다. 하지만 사람이 많은 곳은 포격 대상이 되기 쉽고 좋든 나쁘든 사람들의 집단 심리에 따라 행동이 좌우되는 경우가 많아서 잘못된 판단을 해버

시골은 도시보다 위험이 적고 생존하기 쉽다

확실히 도시보다 시골이 공격받을 위험이 적다. 게다가 생존 기술과 도구를 갖고 있으면 숲속에서 살아남을 수 있다.

146

릴 수도 있다. 반대로 사람이 많지 않은 지역에 살고 있다면 가장 큰 장점은 공격받을 위험이 적다는 것이다.

도시라면 한 발의 폭탄으로 수백 명, 수천 명을 살상할 수도 있지만 사람이 적으면 같은 폭탄으로 살상할 수 있는 인원이 크게 줄어든다. 때문에 적이 굳이 인적이 드문 곳을 공격할 일은 없을 테고 제압을 위해 보내는 병사의 숫자도 적을 것이다. 전쟁이 일어났을 때 안전한 장소는 결국 적이 공격할 이유가 없거나 공격하는 데 비효율적인 지역이다.

전쟁의 화를 피하기에는 사람이 적은 시골이 가장 좋지만 여성과 어린이가 대부분인 곳이라면 범죄에 휘말릴 위험도 있다. 반면 이런 곳은 자연적 요소가 많아 숨을 곳이나 비축해 둘 장소가 많다. 적군으로부터 도망칠 때도 도로보다 숲속으로 도망치면 쫓길 위험이 낮고, 산 곳곳에 식량과 장비를 비축해 두면 며칠 동안은 그곳에 머물 수 있다. 여차하면 강물을 마실 수도 있고, 산에 있는 식물이나 동물을 먹을 수도 있다. 숲이 넓지 않으면 한계가 있을 수도 있지만 혹시 게릴라가 되어 싸움에 나설 때 숲에 숨는 편이 나을 것이다.

점령됐을 때의 생활

| 점령하에서 사는 방법 |

현실적으로 많은 적군이 왔을 때 민간인이 탈출하거나 무기를 가지고 전투행위를 하는 것은 상당히 어렵다. 어린 아이들이 있으면 더욱 그렇다. 적군에게 완전히 점령되면 적군의 명령에 따를 수밖에 없다. 점령됐을 때의 생활은 도대체 어떨까.

우선 계엄령이 내려지고 적군의 관리를 받으면서 지금과 같은 상태로 살 수 있는 유형을 생각해볼 수 있다. 혹시 폭격으로 인해 집이 파괴되었다면 막사 생활을 해야 할 수도 있다. 하지만 적군이 민간인에게 위해를 가할 의사가 없다면 비록 일부 행동은 제한될지라도 가족과 함께 생활할 수는 있을 것이다.

어쨌든 이런 경우에 우리는 인질이다. 시민들이 이곳에 살고 있으면 자국이 탈환을 위해 공격하는 것이 어려워진다. 결국 우리는 인간방패가 된다. 그게 아니면 시민 모두를 한 장소에 모이게 할 수도 있다. 마을회관이나 학교, 경기장 같은 곳을 수용소 삼아 집단생활을 하게 될 것이다. 상대가 우리의 노동력을 사용하고 싶은 경우는 집단생활을 선호할 것이다. 경우에 따라서는 몰살시키기 위한 것일 수도 있다.

점령됐을 때는 행동의 자유가 제한된다

적군에 의해 점령되면 폭동이나 반란 행위 등을 방지하기 위해 이동을 제한할 것이다. 어디든 검문소가 설치되어 통과하는 사람을 모두 확인한다. 당연히 야간 외출도 제한된다.

식사는 적군에 의해 배급받는다. 이는 인도적으로 식사를 나눠주고 싶어서가 아니라 식사량으로 인구를 파악하고 관리하기 위해서이다. 적군의 관리하에서도 최소한의 건강한 생활은 할 수 있겠지만 호화롭고 자유로운 생활은 더 이상 바랄 수 없다. 집에서 가족과 함께 살 수 있게 됐을 때 주의할 점은 무조건 조용히 사는 것이다.

적군에게 노골적으로 반항적인 태도를 취하거나 함부로 다가가는 행위는 삼가야 한다. 적군이 공포심을 조장하고 시민들을 지배하기 위해 본보기로 시민을 처형할 수도 있다. 어떤 경우든 눈에 띄는 것은 백해무익하다. 또한 적군이 가까이에 없다 하더라도 적군의 환심을 사기 위해 밀고하는 사람이 반드시 있기 때문에 같은 자국민이어도 마음을 놓아서는 안 된다.

자국민 중에서도 전쟁의 혼란을 틈타 악행을 저지르는 사람은 반드시 있다. 그런 비열한 범죄자의 표적이 되지 않기 위해서라도 눈에 띄지 않아야 한다. 자신들을 지켜줄 법은 더 이상 없다는 것을 기억하자.

덧문이 있다면 낮에도 닫아 둔다. 커튼도 닫아 집안이 보이지 않도록 하고 가능한 한 소리도 내지 말고 생활한다. 너무 큰 소리로 말하지 않도록 하고 요리를 할 때도 밖으로 냄새가 새어나가지 않도록 신경을 써야 한다. 야간에 불을 지피는 것도 피한다. 주위에 존재를 알리지 않는 것이 제일이다. 또한 총격과 포격이 있을 가능성도 있기 때문에 유리 창문 근처에서 자지 않도록 하고 언제라도 도망칠 수 있도록 생존 가방과 신발을 머리맡에 놓아둔다. 가족과 헤어진 경우를 대비해 어디에서 집합할지, 어떻게 연락할지도 확실하게 정해둬야 한다.

생활하는 모습이 밖에서 보이지 않게 한다

집이 폭격으로 파괴되지 않고 가족과 그대로 살 수 있다면 눈에 띄지 않도록 순수하게 생활해야 한다. 낮에도 덧문이나 커튼을 닫아 내부가 최대한 보이지 않도록 하고 생활하는 소리와 냄새도 최대한 밖으로 새어나가지 않도록 한다. 야간에는 조명을 최소화한다. 적군뿐만 아니라 자국 내의 범죄자도 주의한다.

| 치안악화 |

적국의 군대에 규율이 있다 해도 관심사병은 반드시 있다. 실제로 제2차 세계대전 당시 미군이 오키나와에 상륙했을 때 미군에 의한 강간 사건이 끊이지 않았고, 전쟁 후 본토에서도 군인들이 집단시설이나 일반 주택에 침입해 폭행, 살인, 강간을 한 사건이 발생했다. 흉악범죄를 저지르는 군인은 어느 나라에나 있다는 것을 인식해둬야 한다.

무서운 것은 적국의 군대만이 아니다. 자국 내에서 늘어나는 범죄자도 주의해야 한다.

적국의 점령하에서 음식과 생활물자의 생산이 정체되거나 트럭이나 선박 등의 수송수단이 끊기면 식량과 물자 부족 현상이 일어난다. 그렇게 되면 강탈이나 강도를 범하는 범죄자들이 늘어난다. 당연히 강간 등 성범죄도 증가한다. 자국의 경찰도 제 기능을 할 수 없기 때문에 이런 류의 인간은 반드시 늘어날 것이다. 적의 공격에 의해 부모를 잃은 청소년이나 가정을 잃은 사람들이 어쩔 수 없이 범죄를 저지르는 경우도 있을 것이다. 희망을 잃고 자포자기한 사람이라면 무슨 일을 벌일지 모르기 때문에 주의가 필요하다. 이런 범죄자로부터 자신을 보호하기 위해서는 눈에 띄지 않도록 생활하는 것이 제일이다.

화려한 옷차림은 피하되, 돌아다닐 때는 오히려 더러운 옷이 좋다. 야간 외출이 가능하다고 해도 가급적이면 삼가고 사람들의 왕래가 적은 길은 다니지 않는다. 아이나 여성이 혼자 외출하는 것은 당연히 피

위험한 것은 적군만이 아니다

전쟁으로 인해 치안이 악화되면 틀림없이 자국 내 범죄자가 증가한다.
흉악 범죄를 일으킬 수도 있으므로 주의하며 생활해야 한다.

해야 한다. 범죄에 휘말리지 않기 위해서는 범죄가 일어날 만한 장소
에 가지 않는 것이 최선이다.

외출을 할 때는 이미 언급한 바와 같이 기준선을 의식하고 범죄의
전조를 놓치지 않도록 한다. 수상한 사람이나 차량이 멈춰 있으면 떨
어져 걷는다. 그래도 강도나 강탈을 당했다면 어쩔 수 없이 요구받은
것을 내밀어야 한다. 상대도 되지 않는데 쓸데없이 저항하면 다치거나
목숨을 잃을 수도 있다.

| 집에서 준비할 수 있는 방어수단 |

범죄는 집 내부까지 미칠 수 있다. 이 또한 미리 인지하고 조치를 해 둬야 한다. 우선 앞에서 기술한 바와 같이 덧문은 집에 있을 때도 없을 때도 언제나 닫아두도록 하자.

생활하는 내부의 모습을 밖에서 볼 수 없도록 해야 한다.

침입자가 있을 경우 즉시 알 수 있도록 해두는 것도 좋다. 예를 들어 집 주변 통로에 자갈을 깔아두면 사람이 지나갈 때 자갈 소리가 나서 침입자의 존재를 알 수 있다. 방범용 자갈은 일반 자갈보다 더 큰 소리 가 나 침입자를 바로 알 수 있으니 평소 집에 준비해 두면 좋다. 이밖에

방범용 자갈로 침입을 감지한다

집 주위 통로나 베란다에 자갈을 깔아두 면 침입자가 밟았을 때 소리가 나서 침입 자를 인지할 수 있다. 더 큰 소리가 나는 방범용 자갈도 판매되고 있으니 이것을 사용해보는 것도 좋은 방법이다.

도 방범용 센서와 카메라도 구매해 집 내부에 설치해 두자.

또한 신뢰할 수 있는 사람들과 서로 협력하는 것도 중요하다. 평소 의사소통을 해두면 수상한 사람이 발견되거나 침입자가 있을 때 매우 도움이 된다. 그리고 침입자가 가족들에게 해를 끼칠 상황을 대비해 무기가 될 만한 것을 집에 숨겨두면 좋다. 야구 배트나 골프 클럽도 좋고 단순한 나무막대기도 좋으니 위급시에 바로 사용할 수 있도록 몇 군데에 숨겨 두도록 하자.

만약의 경우에는
이웃 주민과 단합한다

자경단까지는 아니더라도 방범을 위해 인근 주민들과 협력하면 좋다. 평소에 안면을 트고 친밀감을 쌓아둔다.

| 쉼터와 안전실을 만들어둔다 |

해외에는 강도나 불법 침입자가 침입했을 때 대피할 수 있는 안전실을 갖춘 주택도 있다. 침입자가 알 수 없는 숨겨진 방이 있는 경우가 많고, 그 존재가 발각되어도 튼튼하기 때문에 외부에서 열 수 없다. 마당, 통신설비, 화장실 등 주택 내부를 볼 수 있는 CCTV 모니터를 장착한 형태의 안전실도 있는데, 이런 곳에 물과 식량을 비축해 두면 꽤 훌륭한 쉼터로 사용할 수 있다. 집에 이런 시설이 있다면 만일의 사태에 큰 도움이 될 것이다.

실제로 지하에 설치하는 쉼터도 판매되고 있다. 이런 쉼터가 있다면 핵공격이나 생화학무기에도 대응할 수 있으므로 안심이 된다. 어디까지 설치할 것인가는 각자 환경에 따라 다르겠지만 설치를 검토할 가치는 분명히 있다.

안전실과 쉼터를 설치하는 것이 무리라면 침입자가 있을 때 도망칠 수 있는 장소를 정해두자. 예를 들어 문이 하나밖에 없는 방이나 창고에 안쪽에서 여는 자물쇠를 설치하면 간이 안전실이 된다. 간이 안전실 안에는 무기가 될 만한 물건이나 외부에 위협을 알릴 수 있는 호루라기 등을 구비해두면 좋다.

침입자가 있을 때 숨을 만한 장소를 마련해둔다

집안에 침입자가 있을 때 숨을 수 있는 장소를 만들어 두면 좋다.
핵공격이나 생화학무기에 대응할 수 있는 쉼터를 만드는 것도 좋은 방법이다.

3일치 비상식량　　침대와 이불　　간이 화장실　　라디오　　무기가 될 만한 물건

157

| 정보를 수집한 후 다음 행동을 생각한다 |

우선 점령된 현재의 상황이 기준선이라는 것을 파악해야 한다. 점령 초기 단계라면 시민들을 살상하려는 것인지 아니면 통치하고 싶은 것인지 적군의 목적을 알아야 한다. 만약 목적이 살상이라면 즉시 도망가야 하고, 함부로 죽이지 않는다면 어떻게 해야 눈에 띄지 않고 살 수 있을지를 생각해야 한다.

점령하에서는 밖을 돌아다니는 것만으로도 군인에게 오해를 받아 공격당하거나 심문당할 가능성도 있다. 남자 여럿이서 걷는 것도 당연히 안 된다. 가능하면 적군에게 지배당하지 않은 지역으로 도망가야 하지만 이러한 상황에서 도주를 시도하는 것은 매우 위험한 행동이다. 대부분의 사람들은 그곳에서 계속 생활할 수밖에 없을 것이다.

전쟁을 겪은 레바논과 시리아에도 전쟁 이전에 살았던 기존 주민들이 그대로 살고 있다. 도망가면 좋겠다고 생각할 수 있지만 현실적으로 그들이 갈 곳은 없다. 그렇기 때문에 폭격을 받더라도 그 지역에 계속 살아야 한다. 결국 사람들은 그런 상황에서 놀라울 정도로 평범하게 식사를 하고, 세탁도 하고, 잠을 잔다. 많은 사람들이 목숨을 잃고 매일 슬픈 일이 일어나도 어느새 전쟁 속에서 생활하는 것이 익숙해진다.

중요한 것은 그런 생활을 하면서도 주위 관찰과 정보 수집을 게을리 하지 않아야 한다는 것이다. 적군의 태도가 갑자기 바뀌어 시민을 공

158

눈에 띄지 않게 주변을 관찰한다

큰 사건이 있지 않는 이상 적군에게 공격받는 일은 없다. 그런 와중에도 정보 수집은
계속해야 한다. 전시 상황이 어떻게 변하나에 따라 도망을 갈 수도 있다.

격할 수도 있고 어쩌면 전시 상황이 돌변해서 도망갈 수 있게 될지도
모른다. 그렇기 때문에 항상 기본선과 기본선을 어지럽히는 파장을 놓
치지 말고 주시해야 한다.

또한 전시 상황이 바뀌었을 때를 위해 도주 시 사용할 수 있는 도로
나 검문소, 지뢰밭 등의 장소도 조사해야 한다. 상황을 정확하게 분석
한 후 해야 할 행동을 결정한다. 그렇게 하기 위해서는 올바른 정보를
수집하는 것이 무엇보다 중요하다.

적군의 목표

적군이 어떤 생각으로 우리나라를 공격하고 점령한 것인지 우선 알아야 한다. 목적이 국가와 국민을 점멸하는 것이라면 학살이 이루어지기 전에 가족을 데리고 최대한 멀리 도망가야 한다.

적군의 규모와 장비

적군의 인원은 어느 정도인지, 장비와 무기는 어떤 것을 사용하는지, 얼마나 숙련되어 있는지 또한 얼마나 통제되어 있는지도 알아두면 좋다.

현재의 전시 상황과 추후 상황 전망

전시 상황이 어떻게 변할지 예측해본다. 관찰과 예측을 계속하지 않으면 막상 행동해야 할 때 준비가 안 되어 낭패를 볼 수 있다.

동선에 있는 도로와 검문소의 위치

대피나 도주 동선을 미리 파악한다. 곳곳에는 경비가 삼엄한 검문소가 설치되어 있을 수도 있으니 이것 또한 체크한다.

| 특히 여성은 눈에 띄지 않도록 |

적국에게 점령되어 있는 상태라면 여성은 머리를 삭발하고 최대한 더러운 모습을 하고 있는 것이 좋다. 당연히 화장은 안 된다.

이미 언급한 바와 같이 전쟁 시 강간은 피할 수 없는 문제다. 지금까지 강간을 하지 않은 군대는 아마 없지 않을까. 물론 군인으로서 그런 행위를 해서는 안 된다. 대부분의 군대라면 강간은 범죄 행위이고, 범죄 행위를 한 병사는 군 내부에서 범죄자로 재판을 받게 된다. 그렇게 된다면 당사자인 범죄자는 범행을 숨기기 위해 어떻게 할까. 대답은 간단하다. 피해자를 죽이는 것이다.

전쟁 시 여성이 강간을 당하면 살해당하는 것까지 각오해야 한다. 그렇기 때문에 강간의 대상이 되지 않도록 조심하자. 여성스러운 헤어 스타일과 옷, 행동은 하지 말아야 한다.

옷은 가급적이면 긴 상의와 긴 바지를 입어 피부를 노출시키지 않는다. 화려한 색상의 옷이나 몸의 라인이 드러나는 옷도 안 된다. 일부러 옷을 더럽히는 것도 좋다. 외출할 때는 몸을 보호하기 위해 마스크를 쓰고 고개를 숙이고 걷는다.

더러운 행색으로 자신을 보호

범죄자의 눈에 띄고 싶지 않다면 여성스러운 복장은 삼가야 한다. 헤어스타일은 민머리가 제일
좋다. 몸의 라인이 드러나지 않는 옷을 입고 가능한 더러워 보여야 한다. 당연히 화장은 안 된다.

3

항복의 기술

| 적의가 없다는 것을 알린다 |

항복이란 적대 관계의 병사가 전투 행위를 포기하고 상대에게 복종하는 것을 뜻한다. 따라서 항복이라는 단어는 민간인에게 해당하지 않는다. 하지만 이 책에서는 상대에게 '저는 싸울 생각이 없어요'라고 알리는 것을 항복이라 부른다.

항복을 하면 안전할 것 같지만 사실 그렇지 않다. 하나의 예로, 많은 사람들이 항복을 하려면 백기를 흔들어야 한다고 알고 있는데 실제로 치열한 전투 중 백기를 들고 그늘에서 얼굴을 내밀면 총에 맞을 가능성이 크다. 무기를 버리고 두 손을 든 후 다가가도 마찬가지로 총격을 당한다. 상대방에게 보이지 않게 몸에 폭탄을 두르고 있을 수도 있으니 말이다. 죽이지 않는다고 해도 포로를 잡으면 취급이 어렵고 딱히 득볼 것도 없어 결국은 죽이게 될 것이다. 이렇게 예측할 수 있는 상황들을 미뤄보아 항복하려면 목숨을 걸어야 한다는 것을 명심해야 한다.

어떻게 항복하는 것이 좋을까?

이미 언급한 바와 같이 전투가 계속되고 있는 상태에서는 백기를 들어도 공격해올 것이다. 항복의 뜻을 전하기 위해서는 상대가 심리적으로 안정될 때까지 기다릴 필요가 있다. 그리고 무엇보다 천천히 움직이는 것이 중요하다. 걸을 때도 손을 올릴 때도 천천히 움직이고, 가까워지면 팔을 올린 손가락을 펼치고 천천히 몸을 돌려 상대에게 전신을 보여주고 상대의 지시에 따른다. 이때도 무조건 천천히 움직여야 한다. 외투는 입지 않는 것이 좋다. 빠르고 갑작스러운 움직임은 상대가 경계심을 품기 쉽다. 전쟁 중에는 방아쇠를 당길 때 주저하지 않기 때문에 조심해야 한다. 다시 말해 경계심이 들면 바로 방아쇠를 당긴다는 사실을 잊지 말고 행동해야 한다.

걷는 중 뒤에 있는 병사에게 저지당했을 때 또는 차에 타고 있다가 내리라는 말을 들었을 때도 마찬가지로 느리게 행동해야 한다. 군인이 나를 불렀다면 바로 죽일 생각은 없다는 의미이므로 자극하지만 않으면 무사히 끝날 가능성이 크다. 이런 상황에서 침착하게 게다가 천천히 손을 들어올리는 것은 무척 어렵겠지만 당황하지 말고 행동한다. 물론 도망가려는 표정을 보여주는 것도 좋지 않다. 그리고 만약 한 발이라도 맞게 되면 반드시 쓰러져 움직이지 말고 있을 것. 움직이면 숨통을 끊기 위해 몇 발이든 쏘러 올 것이다.

무엇을 하든 천천히 움직일 것

싸울 생각이 없고 복종할 것이라는 의사를 표현하려면 양손을 높이 들어올리거나 머리 뒤쪽에 깍지를 끼고 무릎을 꿇는 자세를 취한다. 이때 움직임이 급작스러우면 공격당하기 때문에 모든 동작을 천천히 해야 한다.

어떻게 행동할지 상대에게 알린 후 움직인다

차에 타고 있는 상태에서 정지 명령을 받았을 때는 먼저 양손을 올린 후 손끝으로 문을 연다는 것을 알리고 천천히 손을 문에 댄다

적군이 뒤에서 부른다면

총을 가진 군인이 뒤에서 나를 부른다면 갑자기 뒤돌아보거나 양손을 올리지 않도록 주의한다.
우선 그 자리에서 움직임을 멈추고 천천히 손을 든 후 저항할 의사가 없음을 알린다. 그 후에는
상대의 지시에 따라 행동한다. 황급히 도망치려고 하면 무조건 총을 쏜다.

| 잡힌 민간인과 포로는 어떻게 취급될까 |

봉지를 씌운다

얼굴에 봉지를 씌운다. 실제로 이 상태가 되면 답답함과 두려움이 굉장히 크다.

포로가 되거나 붙잡히면 가장 먼저 손과 발이 구속되어 자유롭지 못하다. 끈이나 밧줄로 뒷짐결박을 당하거나 결속 밴드로 묶일 것이다.

쉽게 상상이 가지 않겠지만 실제로 손을 뒤로 묶인 채 단단하게 고정한 상태가 되면 불안감이 극대화된다. 게다가 머리에 포대나 봉지를 씌우면 호흡이 어렵고 주변이 보이지 않아 힘들고 답답한 감정이 클 것이다.

뒷짐결박되고 봉지까지 씌워지면 당연히 불안감은 엄청나게 커진다. 시야가 확보되지 않은 상태에서 갑자기 머리를 얻어맞으면 그 충

뒷짐결박 상태로 엎드린다

끈이나 결속 밴드로 뒷짐결박되면 뒤에서 무릎을 강제로 접게 한 뒤 엎드리게 한다. 또는 머리에 봉지를 씌우고 손을 벽에 붙인 상태로 방치된다. 이때 움직이면 구타당한다. 적은 그런 식으로 저항력을 없앤다.

격은 상상 이상으로 크다. 또한 가만히 있는 상태에서 어떤 일을 당할지 모른다는 불안감과 호흡이 격해질 정도로 답답함이 커져 공포가 온몸을 감싼다. 그냥 패닉이 된다고 생각하면 쉽다.

구속된 후 어떻게 될지는 아무도 모른다. 수용소에 보내질 수도 있고, 심한 고문을 받을 수도 있다. 최악의 상황에는 선전 영상에 쓰이기 위해 총살되거나 처형될 수도 있다. 실제로 인류의 역사 속에 수십수백만 명이 그렇게 죽음을 당했다. 자신이 그 중 한 사람이 된다 해도 이상하지 않다.

고문을 받는다

상상하고 싶지도 않지만 실제 상황이 되면 고문을 당할 가능성도 있다. 정보를 갖고 있는지에 대해서는 궁금하지도 않으면서 단지 고통을 주기 위해 고문할 수도 있다.

수용소에 수감된다

어딘지 모를 먼 곳에 설치된 수용소로 보내지는 경우도 있다. 수용되면 극심한 노동을 강요당할 수도 있다.

처형된다

있어서는 안 되는 일이지만 전쟁 시 고문 끝에 처형되는 일도 많이 일어난다. 이 점은 유감이라고 할 수밖에 없다.

선전에 사용된다

정치적, 종교적인 선전에 이용당할 수 있다. 목이 잘리는 영상이 전 세계로 퍼질 것이다.

| 적군에 잡히기 전에 먹어둔다 |

항복은 곧 적군에게 몸을 맡긴다는 의미이니 상상 이상으로 심한 취급을 받을 수 있다. 그렇게 되었을 때 정신적인 안정을 위해서 다음과 같은 마음가짐이 필요하다. 우선 아무것도 기대하지 말고 후회도 하지 말자. 실망감은 무언가를 기대해서, 우울감은 후회해서 생기는 감정이다. 적은 그런 심리를 이용해 나를 괴롭히고 생명력을 저하시킬 것이다. 우울해하거나 후회하는 감정은 살아가는 에너지를 빼앗기 때문에 그런 심리상태가 되지 않도록 깨어 있어야 한다. 군대에서는 고된 훈련을 하면 다음 날 아침에 맛있는 음식을 제공한다고 공지한 후 실제로 아침이 되면 음식을 주지 않는 식의 훈련을 반복한다. 이 훈련을 통해 군인들이 기대감을 버리게끔 해서 불합리한 일에 대해 면역력을 기르게 한다.

도망갈 수 있는 기회가 왔을 때를 위해 체력을 길러 두고 부상당하지 않도록 조심하자. 만약 항복할 거라면 갖고 있던 식량은 전부 먹어둔다. 그 다음은 어떻게든 된다. 그 정도의 각오와 태도가 아니고서는 전쟁이라는 불합리한 세계에서 살아남을 수 없다.

잡혔을 때 마음가짐

▸ 기대하지 않는다

▸ 후회하지 않는다

▸ 무모하게 저항하지 않는다

▸ 열심히 상황을 파악한다

▸ 언젠가 올 기회에 대비해 다치지 않는다

폭행당할 때 자세

손으로 머리와 귀를 보호하고 웅크려서 몸집을 작게 만든다

적군에게 일방적으로 폭행을 당할 수도 있다. 이때 저항하면 고통만 늘 뿐이다. 폭행을 당한다면 언젠가 올 기회에 대비해 머리와 귀를 보호하고 갈비뼈가 부러지지 않도록 몸을 웅크려서 피해를 최소화한다.

4 군사용 드론이란

무인으로 정찰하고 공격하는 '드론'

군사용 드론은 이제 전쟁에서 없어서는 안 될 존재가 되었을 정도로 각국의 개발 경쟁이 심화되고 있다.

최근 많은 실전에서 무인 항공기인 드론이 사용되고 있다. 드론의 장점은 역시 멀리 떨어진 위치에서 조작할 수 있다는 점이다. 격추 시 인명 피해가 없다는 점도 장점이다. 드론 조종자는 게임처럼 모니터를 보고 폭격을 하거나 미사일 공격을 실시한다. 인공지능(AI)으로 최적 경로를 선택하고 공중에서 급유하거나 항공모함에 스스로 이착륙을 하는 기술도 개발되고 있어 향후에는 유인 정찰기가 없어질 것이라는 전망도 나오고 있다. 항공기뿐만 아니라 육해의 무기 무인화도 진행되는 중이다. 사람과 사람이 싸우는 것은 과거의 이야기가 되어 버릴지도 모를 일이다.

전장에서
살아남는 기술

1
전장에서 일어나는 일

| 어떤 공격이 이루어지나 |

탄도 미사일 공격이나 공습 후 적군이 상륙해 오면 여러 장소에서 다양한 양상의 전투가 벌어질 것이다. 결국 자국은 전쟁터로 변해버린다. 그렇다면 실제 전장에서는 어떤 공격을 받게 될까.

가장 상상하기 쉬운 것은 아무래도 총격이 아닐까. 양국의 보병끼리 돌격소총을 쏘는 총격전이 곳곳에서 발생한다. 일반 시민들도 총격전에 휘말려 총격을 당할 수도 있다. 엄청난 기세로 쉴 새 없이 탄환을 뿌리는 기관총의 타깃이 되면 두꺼운 콘크리트 벽 뒤로 도망쳐야 한다. 이밖에도 보병이 손으로 던지는 수류탄이나 군인만 휴대할 수 있는 로켓포인 RPG, 주변을 다 태워버리는 화염방사기로 공격할 수도 있다. 군인이 가진 무기는 매우 다양해서 어떤 공격을 받을지 예상할 수 없다.

전장에서는 전차가 굉음을 내며 진행하고 중기관총을 적재한 보병전투차량들도 돌아다닌다.

적과 아군이 뒤섞여 총격전이 벌어진다

지상전이 되면 곳곳에서 격렬한 총격전이 발생한다.
운이 나쁘면 원거리에서 저격소총의 저격 대상이 될 수도 있다.

만약 사람이 50구경 중기관총을 맞으면 주위가 온통 새빨간 안개가 된다. 여러 발을 맞으면 시체는 흔적도 남지 않는다. 하늘을 올려다보면 지상을 공격하는 헬기가 맹속력으로 날고 있을 것이다.

마을을 걷다가 수 km 앞에 숨어 있는 저격수의 저격 범위에 포착되어 있을 수도 있다. 원거리에서 저격소총으로 머리를 맞으면 맞는 것을 인지조차 하지 못하고 죽는다.

박격포도 무서운 무기다. 박격포는 포탄을 높은 각도로 화포로 구경은 60mm부터 120mm 정도이다. 가벼워서 휴대가 쉽기 때문에 보병의 표준 장비인 경우가 많다. 탄도는 포물선을 그리므로 사정거리는 그렇게 길지 않으며 명중률도 높지는 않지만 파괴력은 엄청나다. 포탄이 위에서 떨어지기 때문에 차폐물이 있어도 별로 도움이 되지 않고, 1분에 10발 이상의 포탄을 발사해 제압해오기 때문에 공격받는 쪽은 몸을 낮추고 견딜 수밖에 없다. 박격포를 쏘는 펑 소리가 들리면 '이제 다 끝이다'라는 생각이 들 정도로 큰 공포를 느끼게 된다. 포탄에 맞을지 맞지 않을지는 운에 맡길 수밖에 없다. 또한 이러한 포격을 통해 독가스를 살포할 수도 있다. 머스터드 가스와 같은 독가스는 치사율이 높을 뿐만 아니라 맞기만 해도 매우 고통스럽다. 나와 가족이 피해를 당하는 것은 무조건 피해야 한다. 독가스의 위험이 느껴진다면 어쨌든 도망치자. 바람이 부는 쪽으로 도망치면 독가스가 그 바람을 타고 나에게 다가오기 때문에 바람이 불어오는 쪽으로 도망친다. 독가스가 뿌려졌다는 사실은 바로 알아챌 수 없기 때문에 독가스가 뿌려질 수도 있다는 마음의 준비는 항상 하고 있다가 위험을 느끼면 즉시 행동하도록 한다.

상대편 군인이 보이지 않는다면 지뢰와 폭탄을 설치하는 중일 수도 있다. 지뢰는 밟았을 때 기폭장치가 작동하는 압력식과 적외선 센서로 작동하는 방식이 있는데 설치되어 있다 해도 발견하기는 매우 어렵다. 길에 놓여 있던 물건을 이동시키자마자 폭발하는 부비 트랩도 있을 것이고 길에 있는 바위 뒤에 폭탄을 설치해뒀다가 누군가 지나갈 때 원격으로 폭파시킬 수도 있다.

굉장한 파괴력을 가진 박격포

근거리용 박격포는 엄청난 위력으로 주변 일대를 파괴한다. 상공에서 떨어지기 때문에 앞에 벽이 있어도 막을 수 없어 보병에게는 두려운 무기이다.

무차별적인 독가스 공격

화학무기와 생물무기가 사용될 수도 있다. 독가스가 살포된 것 같다면 무조건 도망쳐야 한다.

| 어떤 무기가 사용되나 |

현대의 전쟁에서 사용되는 무기와 병기를 사용 장소별로 소개한다.

하늘은 당연히 항공기가 담당한다. 레이더망에 걸리기 어려운 정찰기나 고성능 레이더를 갖춰 상공에서 적과 아군의 비행기를 발견 및 경계하는 조기 경보기, 높은 고도에서 정밀 폭격을 하는 폭격기, 지상 기지와 전차, 보병을 공격하는 대지 공격기, 적의 항공기와 전투를 벌이는 전투기, 헬기 등 다양한 타입이 있다.

바다에서는 함정이 사용된다. 항속 거리가 짧은 항공기를 싣는 항공모함, 고성능 레이더를 적재하고 탁월한 공격 능력을 가진 이지스함, 미사일을 적재한 미사일함, 낌새를 감추고 바닷속을 누비는 잠수함 등이 있다. 거대한 함포를 탑재한 전함은 예부터 해군의 상징적 존재였지만 현대의 군대에서는 사용하지 않는다.

지상에서는 대구경의 포탑을 가진 전차가 보병을 실어 나른다. 이밖에도 강력한 화기를 갖춘 보병 전투차, 병력 수송차, 자주포 등이 있다. 아프리카에서는 민간 픽업 트럭에 기관총을 실은 차량도 자주 사용된다. 이 차량은 '테크니컬'이라 불린다. 옛날에는 주행 장치에 캐터필러를 이용한 것이 많았지만 현대에는 고무 타이어를 이용하는 차량이 중심이다.

항공기

하늘에서 공격과 방어를 하는 항공기는 항공기끼리 싸우는 전투기와 폭격을 주목적으로 하는 폭격기 등 공격 방법과 능력에 따라 다양한 유형으로 나눌 수 있다. 전투 헬기는 강력한 항공 무기로 알려져 있다.

전투차량

무한궤도 소리를 울리면서 달리는 전차와 타이어로 달리는 장륜식 장갑차, 보병을 실어 나르는 병력 수송 차량 등이 있다. 보병을 운반하는 차량이면서 강력한 무기를 갖춘 보병 전투차는 전투 또는 그 이상의 공격력을 가졌다.

함정

현대에서 해군의 중심은 수 백기의 항공기를 탑재하는 항공모함이다. 적을 찾는 능력과 대공, 대함, 대잠수함 공격이 뛰어난 이지스함도 많이 도입되고 있다. 그 외에 미사일함이나 바다에서 은밀하게 움직이는 잠수함도 있다.

지뢰

대인지뢰는 지상이나 지하에 설치해 두면 밟는 압력에 의해 폭발한다. 부상을 입혀 전투력을 약화시키기 위해 죽지 않을 정도로 살상능력을 억제한 것도 있다. 공격 대상 또한 무차별적인 매우 잔인한 무기이다.

총기

수량이 가장 많은 무기는 바로 총기일 것이다. 거의 모든 보병이 소지한 돌격소총 외에도 권총, 기관총, 저격총, 샷건, 수류탄 발사기 등 총기의 종류는 매우 다양하다.

| 항공기 공격에 대한 우려 |

지상에 있는 사람이 항공기 공격을 받게 되면 가장 위험한 것이 폭격기에 의한 폭격이고, 그 다음이 전투 폭격기에 의한 미사일 공격 등이다. 기관총이나 기관포에 의한 기총소사*라는 공격 방법도 있다.

만약 기관총이나 기관포로 기총소사하면 지상에 있는 사람들은 조금도 버티지 못한다. 실제로 제2차 세계대전 당시 미군이 일본군과 일본인들에게 기총소사를 하여 막대한 피해를 초래했다. 하지만 비싼 비행기와 총알을 사용해 단 몇 명의 시민만 공격하는 것은 비용대비 효과가 낮아서 현대에서는 그다지 사용되지 않는다. 차량은 또 다르다. 움직이는 차량은 전차와 같은 것으로 간주되어 대지 전투폭격기의 기총소사를 받을 위험이 크다. 적의 항공기가 날고 있는 상황이라면 차량 이동해서는 안 된다.

전투 헬기에 의한 대인 공격은 충분히 있을 수 있는 일이다. 이 경우 겨냥되면 절망적이다. 적외선 탐지기를 갖추고 있기 때문에 숨을 수도 없고 수 km 떨어진 공중에서 공격해오기 때문에 전조를 알 수도 없다. 20mm와 30mm 대구경 체인건(chain gun)**으로 기총소사하면 나를 포함한 주변 일대는 몇 초만에 산산조각이 되어 바로 황무지가 된다.

---

* 주로 근접 또는 저공비행을 하면서 기체에 장비된 기관총·로켓포 등으로 적의 지상·해상 목표를 난사하는 일.

** 체인건은 기존의 화기처럼 노리쇠 왕복이 가스압 등을 이용한 것이 아닌 외부 동력원을 이용해 결합된 체인의 탄약을 격발시키는 화기이다. 구조 특성상 보병이 들고 다닐 수 없으므로 차량, 함정, 항공기에 부착하여 사용한다. – 감역자 주

차량은 항공기의 먹잇감이 된다

공격 헬기와 전투기는 일반 민간인 차량도 전투 지역에서 주행하고 있으면 공격 목표로 인식된다. 적국의 항공기가 비행하고 있다면 차량의 이동을 삼가야 한다.

| 전투차량 공격에 대한 우려 |

대표적인 전투차량인 전차의 포탄은 대체로 120mm이다. 이 포탄 한 발만으로도 작은 집 하나 정도는 단번에 산산조각 낼 수 있다. 벽을 뚫고 폭발하는 탄두도 여러 가지인데, 그중 열화우라늄탄(DU)이 사용될 가능성도 있다. 열화우라늄은 장갑의 관통력을 높일 뿐만 아니라 방사성 물질을 확산시켜 포격 후에도 신체적 피해를 준다.

덧붙여서 현대의 전차는 암시장치와 적외선 장치도 갖추고 있어 내부에서도 바깥 상황을 알 수 있다. 오래된 영화에서는 투시창에서 보이지 않게 접근해 수류탄을 폭발시키기도 하지만 현대에서는 불가능한 일이다.

전차가 사람에게 직접 주포(主砲)를 쏘는 일은 거의 없다. 대신 50구경이나 7.62mm의 기관총을 쏜다. 50구경 총격은 위력이 엄청나다. 전차가 아니더라도 50구경*의 기관총이 붙어 있는 것은 모두 조심해야한다. 장갑차와 지프 같은 차량에 붙어 있는 경우도 있기 때문에 눈에 띄지 않도록 해야 한다. 중동에는 집을 통째로 쓰러뜨릴 정도의 위력을 가진 불도저 같은 차량도 있었다. 이 차량은 총기나 폭탄물로 공격하지는 않았지만 공격 자체만으로도 무서운 존재다.

---

* 50구경은 0.50인치의 탄약이라는 의미다. 미터로 환산하면 12.7mm로 전 세계적으로 사용되고 있는 탄환이다. 나토 국가들은 12.7×99mm NATO를 사용하며, 러시아나 동구권, 중국 등지에서는 12.7×108mm를 사용한다.

적군의 주포는 파괴력이 있어 두렵다

전차 대구경의 주포로 맞으면 건물 안에 있다 해도 안심할 수 없다.
자신이 있는 쪽을 노리는 것을 알았다면 즉시 그 장소에서 도망쳐야 한다.

185

| 함정 공격에 대한 우려 |

군함의 공격을 받는다면 미사일 공격을 받게 될 것이다. 걸프전에서 미군이 사용해 유명해진 토마호크처럼 로켓 엔진에서 수평으로 비행하는 순항 미사일이다. 순항 미사일은 함선이나 잠수함, 항공기에서도 발사할 수 있고 일단 발사하면 미리 입력한 목표 지점까지 바로 날아간다. 명중률이 매우 높아 기본적으로 중요도가 높은 군사시설이 공격 목표가 된다. 표적이 되는 것은 어디까지나 시설과 설비이지, 사람은 아니다. 그렇기 때문에 공격 대상이 될 수 있는 시설에서 가급적 멀리 떨어져 있는 것이 유일한 대책이다.

거대한 포탑을 가진 전함이 지상에 있는 목표를 공격하는 함포 사격도 있다. 요즘은 그런 전함 자체가 감소하고 있기 때문에 함포 사격은 드물다고 생각할 수 있지만, 적군이 보병의 상륙을 지원하기 위해 함포 사격으로 지상을 공격하는 일은 충분히 일어날 수 있다.

보병의 상륙을 지원하기 위한 것은 아니었지만, 실제로 걸프전에서 미국의 미주리 전함과 위스콘신 전함이 이라크군에 16인치 포를 총 1000발 이상 발포한 사례도 있다. 함포 사격은 위협의 의미도 강하고 16인치, 즉 40cm도 넘기 때문에 포격은 적군에게 큰 공포의 대상이 된다.

고무보트는 레이더에 잘 포착되지 않는다

도주할 때 배를 사용할 가능성도 있다. 이때 일반 배라면 레이더에 바로 포착된다. 포착되기 어렵다고 알려진 고무보트를 사용하는 것이 좋다.

| 지뢰 공격에 대한 우려 |

대인지뢰는 국제조약에 의해 사용이 금지되어 있기 때문에 제조량이 감소하고 있지만, 하나 제작하는 데 천 원 정도의 아주 작은 비용으로도 간단하게 만들 수 있기 때문에 여전히 세계적으로 사용되고 있다. 지뢰는 상대를 가리지 않고 오랜 시간이 지나도 폭발하지 않고 남아 있기 때문에 더 무섭다.

지뢰는 그 장소에 들어오지 못하게 하기 위해 또는 나가지 못하게 하기 위해 설치한다. 간단하고 저렴하게 뿌릴 수 있어서 국경에 방어선을 만드는 데 사용할 수도 있다. 지뢰 하나의 파급력은 폭탄 등과 비교하면 결코 크지는 않다. 하지만 설치해 놓은 지뢰를 찾기는 어렵기 때문에 사람들에게 큰 두려움을 준다.

최근에는 폭탄에 의한 지뢰의 위협도 증가하고 있다. 폭탄을 길가의 바위 그늘이나, 차 안, 동물의 사체 아래에 설치하고 사람이 지나갈 때 원격 조작으로 폭발시키는 것이다. 이 공격을 방지하기 위해서는 길가에서 수상한 것을 보면 절대 가까이 가지 말고 돌아가거나 피해가는 것이 좋다.

대인지뢰는 일부러 사람을 죽이지 않는다

죽이는 것보다 부상을 입히는 쪽이 병력을 약화시키고 정신적인 공포심을 주는 데 효과적이기 때문에 대인지뢰는 사람을 죽이지 않을 만큼의 파괴력을 갖고 있다.

| 보병 공격에 대한 우려 |

현대의 전쟁은 주로 시간전이다. 옛날처럼 수천수만 명의 보병들이 전선에서 직접 부딪히는 큰 싸움은 잘 벌어지지 않는다. 그래도 보병은 여전히 군대에서 필수 존재이다.

전쟁 상태라면 적국의 보병 공격은 무조건 이뤄진다. 일반 시민임이 분명하고 전투에 참가하지 않는다 하더라도 무차별적으로 공격받는 것은 충분히 있을 수 있는 일이다. 상대는 진심으로 이쪽을 살해하고 싶어 할지도 모르고 간혹 장난삼아 공격해 오는 경우도 있다.

공격 방법으로는 어떤 것이든 생각해두어야 한다. 물론 총기에 의한 공격이 많겠지만 이쪽이 무기를 갖고 있지 않다는 것을 알거나 단지 엄포를 놓을 생각뿐이라면 경봉이나 나이프를 이용해 공격할 수도 있다.

군인들에게 공격받지 않기 위해서는 당연한 말이지만 군인과 최대한 거리를 두는 것이 좋다. 군인이 혼자 있는 일은 없을 것이며 그들에게 총기 등 무기가 없지 않는 한 승산은 거의 없다. 그렇다면 공격받을 만한 거리 안에 들지 않는 것이 가장 좋은 방법이다.

보병도 인간 여러 가지 유형이 있다

보병도 인간이기 때문에 성격이 각자 다르고 다양하다. 일반인이어도 재미 삼아 공격할 수도, 잔학행위를 할 수도 있다. 어쨌든 거리를 두는 것이 가장 중요하다.

| 일반 보병의 주요 무기 |

일반 보병이 가진 무기 중 핵심이 되는 무기는 '어설트 라이플'이라는 총기이다. 이것은 간단하게 말해 연사가 가능한 자동소총이다. 전세계에서 수많은 기종이 개발되고 있고 그중 가장 유명한 것은 소련의 AK-47과 AK-74, 미국의 M16과 M4 카빈, 독일의 H&K 416, H&K G36, 영국의 L85이다.

물론 기종에 따라 차이는 있지만 유효 사정거리가 상당히 길고 훈련 받은 사람이 정지 중인 목표를 겨냥한다면 100m에서는 무조건 명중한다. 200m에서도 거의 명중하고 300m에서도 대체로는 명중시킬 정

어설트 라이플

**보병의 주요 무기인
어설트 라이플**

보병의 주요 무기는 어설트 라이플이다. 돌격소총 또는 자동소총이라고 불리며 방아쇠를 한번 당기면 연사가 가능하고 몇발씩 점사하는 것도 가능하다.

도로 정밀하다.

어설트 라이플의 장탄수는 30발 정도이다. 풀 오토로 방아쇠를 당기면 3초 만에 탄창이 비어 버린다. 그래서 보통 점사로 3발씩 쏘거나 풀 오토로 설정해서 3발이나 4발로 나눠 쏜다. 어느 정도 먼 거리는 물론 단 몇 m의 근거리에서도 사용할 수 있는 균형 잡힌 무기이다.

어설트 라이플 외에 핸드건, 즉 권총을 가진 군대도 있다.

옛날에는 회전식 리볼버였던 권총이 현대에 와서는 대부분 자동식으로 바뀌었다. 하지만 소지자의 기량에 따라 명중률이 크게 변한다. 25m 떨어진 사람을 맞출 수 있다면 전문가라고 할 수 있다.

샷건

근거리에서의 파괴력이 크다

한 번에 몇 발의 탄환을 발사하는 샷건은 근접전에서 절대적인 위력을 발휘한다. 실내에 돌입하기 위해 문의 경첩을 파괴할 때는 단발의 대형 슬러그탄이 사용된다.

원거리를 저격하는 스나이퍼 라이플

먼 거리에 있는 대상을 저격할 때는 스나이퍼 라이플이 사용된다. 보이지 않는 곳에서 표적이 될
수 있다는 사실이 사람의 공포심을 증대시킨다

미숙한 사람이라면 5m 정도의 단거리에서도 명중시키지 못할 수
있다. 의외로 맞추기 어려운 것이 바로 권총이다. 미국의 M1911, 이탈
리아의 베레타 M92, 오스트리아의 글록 18, 독일의 시그 P226 등이
대표적이다. 명중률이 그다지 높지 않고 사정거리도 짧기 때문에 어디
까지나 예비 무기이지만 스나이퍼 라이플 한 자루만 가져도 든든하다.
보병의 일부가 기관총과 스나이퍼 라이플을 가지고 있다. 기관총은 계
속 발사할 수 있는 총으로 머신건이라고도 부른다. 어설트 라이플은
탄창 안이 비워지면 총알이 끊어지는 반면, 기관총은 벨트링크 방식으
로 총알을 내보내며 연속해서 발사할 수 있도록 되어 있다. 탄약을 보
내는 사람과 사수 두 명이 사격을 실시하는 것이 일반적이다. 핀 포인

기관총

넓은 범위에서 적을 제압하는 기관총

기본적으로 탄창을 교체하지 않고 연속해서 총알을 발사할 수 있는 기관총은 파괴력이 굉장하다. 주로 넓은 범위에 탄막을 치고 상대를 제압하기 위해 사용된다.

트를 노리기보다 탄막을 치고 넓은 범위에서 제압한다.

하지만 계속 쏘면 총이 뜨거워져 사격능력이 떨어지기 때문에 중간에 총열을 교체해야 한다. 덧붙여, 기관총뿐만 아니라 배출된 탄피는 굉장히 뜨겁기 때문에 옷 속에 들어가면 화상을 입을 수 있다.

스나이퍼 라이플은 이름처럼 저격수가 가진 소총이다. 저격소총이라고도 하고 고배율의 스코프를 장착하고 있다. 스나이퍼 라이플에 의한 저격은 2km 이상의 거리에서 명중한다는 기록도 있지만, 실제로 장거리에서 공격할 때는 바람과 습도 등 다양한 요소가 영향을 미치기 때문에 명중하는 것은 매우 어렵다.

로켓포

보병이 휴대할 수 있는 로켓포

현대에는 휴대성이 높은 박격포와 대전차 로켓포가 많이 개발되고 있어서 보병도 이러한 파괴력이 높은 무기를 들고 다니기도 한다.

    기본적으로 800m 정도 되는 거리까지 저격을 수행한다. 어떻게 보면 이 또한 장거리이다. 미국 레밍턴사의 M700과 독일 H&K사의 PSG-1, 영국의 AWM300, 배럿사의 배럿 M82 같은 모델이 대표적인 스나이퍼 라이플 기종이다.

    근거리전에서는 주로 샷건이 사용된다. 한 번의 발사로 다수의 작은 산탄을 쏘는 대구경 소총은 원거리 사격에는 적합하지 않지만 근거리에서는 위력이 굉장하다. 특히 시가전, 정글전, 실내전에서 뛰어난 효과를 발휘한다.

손으로 던지는 작은 폭탄

수류탄은 폭발을 일으켜 주변 수 m부터 수십 m에 이르기까지 파편이 날아가 사람에게 손상을 준다. 손으로 던지기만 하기 때문에 공격 방법이 매우 단순하지만 살상 능력은 높다.

건물을 제압할 때 선두에 선 사람이 소총으로 문의 경첩을 파괴하고 뒤이어 부대가 안으로 진입한다.

군인은 대 전차용 로켓인 RPG와 수류탄도 휴대한다. 대 전차용 로켓포인 RPG는 영화에도 자주 등장해서 본 사람도 있을 것이다. 어깨 쪽으로 당겼다가 '쉬익' 하고 날리는 바로 그것이다. RPG는 초기 속도가 늦어 날아오는 것이 잘 보인다. 그렇다 보니 군인들 사이에서 RPG가 날아오면 방망이로 되받아칠 수 있다는 농담이 오간다고 한다. 그정도로 잘 보이는 것이다. 수류탄은 안전핀을 뽑은 뒤 적을 향해 던지면 수초 후에 폭발한다. 보병은 통상적으로 그레네이드를 두세 개 정도 갖고 있다.

| 그 외의 장비 |

암시장치

암시장치는 사용이 까다로운 무기이지만 갖추고 있는 군이 많다. 야간에 행동할 때는 상대가 암시장치를 갖고 있다는 전제하에서 움직여야 한다.

칼

일반적인 보병이라면 칼은 전투용보다는 작업용으로 사용한다. 다목적으로 사용되면서 살상능력이 높은 토마호크(도끼)를 가진 군인도 있다.

총 외에 군인이 소지한 무기에는 우선 칼이 있다. 칼류는 백병전*뿐만 아니라 생활 속에서 도움이 될 수 있으므로 병사들이 많이 휴대한다. 일반적인 병사라면 한 개만 휴대하지만 상대의 진지 깊숙이 침투해 조용히 적병을 살상하는 비밀 작전을 수행한다면 칼을 세 개 이상 휴대하기도 한다.

그중 하나는 살상 전용으로 견고함보다는 휴대성과 사용감을 높인 것이다. 다음은 이보다 더 커서 여러 가지 작업에 사용할 수 있다. 반면 접을 수 있는 폴딩 타입의 칼은 작아서 섬세한 작업에 사용한다.

---

* 적이 육박해서 칼, 창, 총검으로 싸우는 전투 – 역자 주

군용견

뛰어난 후각과 청각, 충성심까지 갖춘 개는 군용견으로 활약한다. 주 임무는 경비와 탐색이지만 사람을 살상하는 훈련을 받은 군용견도 있어서 짖는 것만으로도 공포를 느끼게 한다.

암시장치는 적이 가지고 있으면 역시 성가시다. 이는 어둠 속에서도 작은 빛을 증폭하여 사람의 눈에 보이게 하는 장치로, 병사의 헬멧에 장착할 수 있도록 되어 있다. 총기의 스코프가 암시장치에 부착되어 있기도 하다. 인체의 열이나 적외선을 탐지해서 가시화하는 서멀 비전이면 나무 그늘에 숨어 있어도 훤히 들여다보인다. 아무것도 보이지 않는 어둠 속에서 상대만 이쪽을 볼 수 있다는 것은 매우 불리한 상황이기 때문에 항상 적군이 암시장치를 갖고 있다는 전제하에 행동해야 한다.

무기라고 하긴 조금 그렇지만 군용견도 무서운 존재다. 사람을 공격하도록 훈련받은 개는 단숨에 달려들지는 않지만 틈을 보고 덤벼들면서 몸을 물어뜯는다. 여러 마리에 둘러싸이면 도망갈 수 없다.

총기의 기초지식

총이 없는 전쟁은 없다. 우리나라처럼 총기 소지가 금지되어 있는 나라도 있지만 전쟁이 나서 적병이 있는 상황이 된다면 이 법이 개정될 수도 있다. 언제가 될지는 모르지만 그때를 위해 총기에 대한 기초지식과 사용법을 익혀두자.

총이라는 것은 정의나 경계가 모호해서 어떻게 분류하는 것이 맞다고 할 수 없지만 일반적으로 핸드건, 소총, 기관단총(서브머신건), 기관총, 산탄총(샷건)으로 나눌 수 있다.

핸드건은 권총이다. 총기 중에서는 가장 크기가 작다. 소총은 어설트 라이플과 스나이퍼 라이플 등을 일컫는다. 기관총, 즉 머신건은 탄환을 연속해서 발사할 수 있는 총이다. 광범위하게 총알을 뿌려 탄막을 침으로써 주변 일대를 제압한다. 기관총 중 사람이 들고 쏘는 소형 기관총은 단기관총이라고 칭한다. 측면에서 제압하기에는 사정거리나 화력이 부족하기 때문에 기관총과는 사용법이 크게 다르다. 샷건은 하나의 실탄 안에 작은 탄환이 다량 들어 있는 총기이다. 이것은 근거리 전투에서 위력을 발휘한다.

총기의 분류

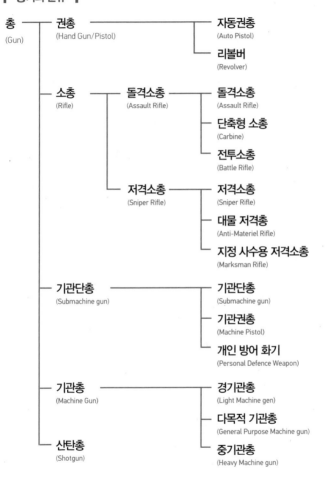

돌격소총도 풀 오토로 총알을 뿌리지만 기관총이라고 부르지는 않는다. 서브머신건이라고 하는 기관단총과 머신건이라고 하는 기관총도 이름은 비슷하지만 사용법은 상당히 다르므로 구분하는 것이 일반적이다. 사실 이런 분류 방법까지 세세하게 기억할 필요는 없다.

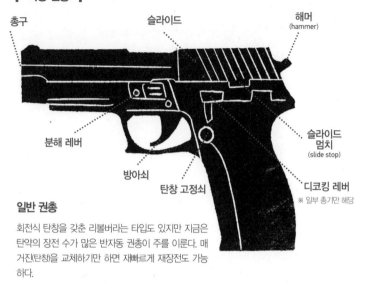

자동 권총

총구

슬라이드

해머
(hammer)

분해 레버

방아쇠

탄창 고정쇠

슬라이드
멈치
(slide stop)

디코킹 레버
※ 일부 총기만 해당

일반 권총

회전식 탄창을 갖춘 리볼버라는 타입도 있지만 지금은 탄약의 장전 수가 많은 반자동 권총이 주를 이룬다. 매 거진(탄창)을 교체하기만 하면 재빠르게 재장전도 가능하다.

단열 탄창

실탄을 세로 1열로 장전하는 방식이다. 장탄 수는 적지만 총의 그립이 얇기 때문에 잡았을 때 착용감이 좋다.

복열 탄창

탄창의 내부가 2열 구조로 되어 있어 실탄을 더 많이 담을 수 있다. 폭은 약간 넓지만 보다 많은 탄약을 장전할 수 있다는 장점이 있다.

권총의 장전 수

반자동 권총은 대략 7발에서 19발 장전된다. 탄창의 구조에 따라 그 수는 변화한다. 주로 경량이면서 빠른 9mm탄을 사용한다.

돌격소총

총구

총열
(barrel)

가늠쇠
(front sight)

총열 덮개
(handguard)

총몸
(receiver)

※ 영미권에서 총몸은
receiver라 표기함

방아쇠

가늠자
(rear sight)

개머리판
(stock)

※ 총몸과 동일하게 영미권에서
개머리판을 stock이라 표기함

조정간
(selective fire)

권총 손잡이
(pistol grip)

7.62mm탄

5.56mm탄

15
14
13
12
11
10
9
8
7
6
5
4
3
2
1

대표적인 탄환 구경

탄환의 크기는 종류가 다양하지만 돌격소총에서 사용하는 대표적인 크기는 5.56mm와 7.62mm이다. 모두 일장일단이 분명하다.

일반적인 돌격소총

한 손으로 잡고 다른 손으로 핸드 가드를 거들어 쏜다. 총알이 나오지 않은 상태에서는 단발의 세미오토와 연사하는 풀오토를 셀렉터 레버로 전환할 수 있다.

| 안전한 총기 취급법 |

총기는 오발과 폭발사고가 없도록 취급해야 한다. 이를 위해 잊지 말아야 할 규칙은 표적 외에 절대 총구를 겨누지 않아야 한다는 것이다. 거짓말처럼 들리겠지만 실제로 처음 총을 만져볼 때 신기한 듯 총구를 들여다보거나 재미로 사람에게 총구를 겨누는 위험한 행동을 하는 사람이 꼭 있다. 총은 항상 발사될 수 있다고 생각해야 하고 총알이 들어 있지 않더라도 표적의 대상이 아니면 총구를 향하지 않도록 습관을 들여야 한다.

발포할 때까지 방아쇠에 손가락을 걸지 않는 것도 중요하다. 어떤 소리에 놀라거나 순간 넘어져 발포하는 실수는 실제로 흔하다. 권총을 쏠 때는 우선 탄창에 총알이 있는지 확인한 후 확실히 눌러 장착한 뒤 슬라이드를 뒤로 당겨 약실(chamber)에 첫 탄을 보낸다. 그 다음 방아쇠를 당기면 총알이 발사된다. 한 발을 쏘면 쏜 총알의 탄피가 배출되고 동시에 다음 자동으로 총알이 약실로 유입되기 때문에 두 번째부터는 슬라이드를 당길 필요가 없다. 탄창 안의 총알을 다 쏴서 슬라이드가 열리면 다음 탄창을 장전한다.

확인 사항

안전장치의 유무

총에 따라 안전장치가 다르지만, 최근에는 안전장치 레버가 없는 권총도 있다. 몸에 부착하고 다닐 때는 레버를 ON으로 해놓는다.

약실

약실에 총알이 들어 있는지

슬라이드를 약간 당겨 약실에 총알이 들어 있는지 확인한다. 들어 있지 않다면 안전한 상태이다. 총구가 자신을 향하지 않도록 한다.

탄창 분리 버튼

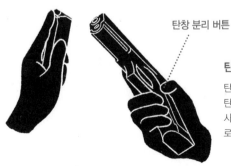

탄창에 총알이 들어 있는지

탄창 분리 버튼을 눌러 탄창을 빼고 탄창에 총알이 들어 있는지 확인한다. 사용할 예정이라면 탄창을 넣은 상태로 둔다.

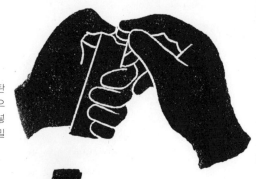

탄창에 총알을 넣는다

총알을 탄창에 한 발씩 넣는다. 탄창 제일 상단의 총알을 손가락으로 밀어넣으면서 다음 총알을 넣는다. 돌격소총이라면 위에서 밀어넣으면 된다.

탄창을 넣는다

탄창을 그립 안쪽으로 손바닥으로 가볍게 두드리며 완전하게 삽입한다. 밀어넣는 힘이 약하면 준비 자세를 잡을 때 탄창이 빠져버릴 수도 있다.

슬라이드 장전

이 방법은 슬링 샷이라 부른다. 실총의 스프링은 딱딱하기 때문에 꼭 잡고 당긴다. 슬라이드는 당기는 쪽으로 확 늘어난다. 끝까지 당긴 후 탁 놓는다.

쥐는 방법과 준비 자세

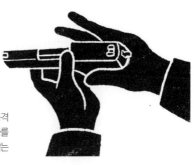

엄지와 검지 사이에 권총 손잡이를 밀어넣는다

영화나 드라마에서 쉽게 볼 수 있는 한 손 공격은 되도록 하지 않는다. 엄지와 검지로 V자를 만들어 권총 손잡이에 꽉 밀어넣어 깊게 잡는다. 손가락을 방아쇠에 걸지 말아야 한다.

있는 손은 중앙에 대는 이미지

권총 손잡이를 잡은 오른손을 왼손으로 받치고 좌우 양측에서 끼워넣듯이 총을 고정한다. 왼손의 엄지손가락을 앞으로 해서 노리는 방향을 향한다.

팔은 쫙 펴지 않는다

총은 몸의 정중앙에서 잡는다. 팔을 완전히 펴면 팔꿈치에 충격이 오기 때문에 팔꿈치를 약간 구부려 잡고 쏠 때는 손이 아닌 몸으로 충격을 받도록 한다.

방아쇠에 손가락을 깊이 걸지 않는다

쏠 때 방아쇠에 손가락을 깊이 걸고 당기면 총이 흔들려서 잘 맞지 않는다.
손가락 끝 관절보다 앞에서 가볍게 당기면 좋다.

총을 빼앗기지 않을 정도의
근거리에서 겨냥한다

상대가 달려오더라도 총을 빼앗기지 않을 정
도의 거리를 유지할 것. 다가오면 주저 없이
쏜다. 일단 총을 잡은 이상 쏜다는 각오를 해
야 한다.

몸의 가장 큰 부분을 노린다

확실하게 맞추기 위해 표적은 머리와
손발이 아닌 큰 부분, 즉 몸통을 노린
다. 표적이 쓰러진 후 머리를 쓰면 확
실하다.

안전한 휴대법

공이치기는 뒤로 고정한다

약실에 총알이 들어 있고 공이치기가 장전되어 있는 것
이 바로 쏠 수 있으면서도 안전하게 들고 다닐 수 있는
방법이다. 그러나 일어난 해머를 돌리면 폭발하기 쉽기
때문에 SIG와 같은 제조업체의 기종에는 안전하게 해
머를 되돌리는 디코킹 레버가 붙어 있는 것도 있다.

바지에 꽂아두는 것은 위험하다

바지 앞에 꽂아두면 꺼낼 때 총이 걸려
오발되기 쉽다. 뒤도 마찬가지이니 주의
하자.

바로 쏠 상태로 이동하는 경우

경계하면서 이동할 때는 총을 쥐고 있는
오른손을 앞으로 구부리고 왼손으로 지지
하면 바로 쏠 수 있다.

몸에서 총을 떼지 않는다

돌격소총을 잡을 때 개머리판을
몸에서 떼면 소총이 안정적이지
않아 쏠 때 반동으로 인해 크게
흔들린다. 소총을 제어할 수 없게
되면 매우 위험하다.

개머리판을 몸에 바짝 댄다

개머리판을 가슴 근육에 단단히
바짝 대면 라이플이 안정되고
반동을 흡수하기 쉬워진다. 가슴
의 중앙 부분에 파묻고 몸의 한
가운데에서 잡는 방법도 있다.

대표적인 총기 취급 실수

- 발포하는 순간 충격을 흡수하기 위해 총을 올리거나 내리는 경우가 있는데, 이렇게 하면 제대로 작동하지 않을 수 있다. 충격은 손이 아닌 몸으로 흡수한다.

- 빈 탄피가 잘 배출되지 않고 슬라이드 부분에 끼어버리는 경우도 있다. 이때 당황해서 여러 번 방아쇠를 당겨버리기 십상인데, 이렇게 하면 다음 탄피도 배출되지 않는다. 끼었다면 슬라이드를 당겨 탄피를 떨어뜨리는 것이 좋다.

- 현대의 총은 조금 젖은 상태에서도 발사된다. 하지만 비나 물에 장시간 젖은 상태라면 녹이 슬어 작동 불량을 일으키므로 물기를 닦은 뒤 사용한다.

총기를 취급할 때 네 가지 원칙

1. 항상 발포 가능한 것을 전제로 취급한다

총은 발사할 수 있는 상태라고 생각하고 취급한다. 탄창이 장착되어 있지 않아도 약실에 총알이 남아있을 가능성도 있다. 실제로 이로 인해 방아쇠를 당겨 사고가 나기도 했다.

2. 표적 이외에는 총구를 향하지 않는다

어떤 상황에서도 표적이 아닌 대상에 총구를 향하지 않도록 항상 조심한다. 총알이 들어 있지 않아서 괜찮다고 여기다가 쏠 수 있는 상태에서 그만 총구를 돌리게 될 것이다. 전문 군인은 견본총으로도 사람에게 총구를 향하지 않도록 한다.

3. 발포할 때가 아니고서는 방아쇠를 만지지 않는다

쏘기 직전까지는 손가락을 펴서 방아쇠울 밖에 둔다. 방아쇠울 안에 넣어두면 비틀거려 넘어지거나 무언가에 놀라서 무심코 방아쇠를 당겨버리고 만다. 이것은 실제로 자주 있는 사고이다.

4. 표적의 배후도 의식한다

총알이 표적에 맞지 않거나 관통했을 때를 고려해야 한다. 표적 너머에 쏘아서는 안 되는 사람이나 물건은 없는지 꼭 확인한다.

| 탄약 |

총기에 사용되는 탄약은 사실 설명하기 조금 복잡하다. 오래전부터 전 세계에서 수많은 종류의 총기에 맞게 만들어온 도구이기 때문에 크기도 다양하고 표기 방법도 국가별로 다르다.

대신 탄약의 구조는 대부분 어느 정도 같다. 부품은 크게 탄알(탄두)과 탄피와 뇌관(프라이머)으로 나뉘어 있다. 이 중 탄심은 총에서 발사되어 날아가는 부분을 칭한다. 같은 총을 사용해도 탄알의 소재나 형태에 따라 표적에 미치는 데미지와 관통력이 달라진다.

군용으로 일반적인 것은 끝이 뾰족한 풀 메탈 재킷탄이다. 납의 탄알을 동으로 덮어 관통력을 높인 것이다. 그 외에도 탄알이 오목한 형태로 되어 있어 인체에 명중하면 끝이 부풀면서 버섯 모양으로 변형되는 할로우 포인트탄과 부드러운 납의 탄지를 노출시켜 명중 시 납이 균열 및 확산되어 체내 조직을 갈기갈기 찢는 덤덤탄은 인체에 더 큰 데미지를 준다. 특히 덤덤탄은 잔혹한 무기이기 때문에 국제법으로 전시에 사용이 금지되어 있다. 그만큼 위력이 크다. 하지만 관통력은 낮아서 2차 피해가 나지 않기 때문에 지금도 경찰 조직에서는 사용 중이다.

탄피는 발사를 위한 화약이 들어 있는 부분이다. 이것은 목표를 향해 날지 않는다. 자동총이라면 배피구에서 자동으로 배출된다. 그리고 뇌관은 탄약의 밑바닥에서 탄피 내의 화약을 점화하는 역할을 한다.

탄약의 구조

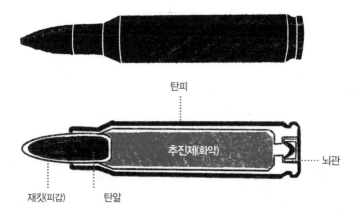

탄피

추진제(화약)

뇌관

재킷(피갑)　탄알

　방아쇠를 당겨 총기의 격침이 뇌관을 때려 폭발시켜 추진체(화약)를
점화시킨다. 탄피 내에 있는 추진체에 인화하여 폭발을 일으키고 그
압력으로 탄알이 날아가는 것이 총알 발사의 메커니즘이다.

　탄약의 크기는 9mm 또는 45 등 다양한 표기법이 있다. 주로 미터
법 표기와 야드 파운드 표기가 혼재됐다. 45라는 것은 100분의 45인
치를 말하며, 미터법으로 고치면 약 11.5mm가 된다. 또한 여기서 말
하는 크기는 총알 직경이다. 이것은 38구경(100분의 38인치)만 탄피의
외형 크기로 표시하고 있다. 총알의 크기는 다양하지만 현재 사용되
고 있는 것은 총의 종류에 따라 대략적으로 정해져 있다. 예를 들어 반
자동 권총이면 9mm 패러벨럼탄 또는 .45ACP탄이 일반적이다. 어설

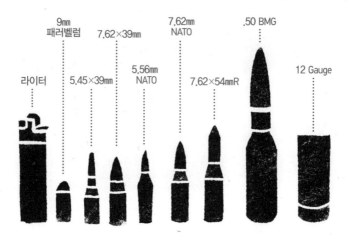

라이터 9mm 패러벨럼 5.45×39mm 7.62×39mm 5.56mm NATO 7.62mm NATO 7.62×54mmR .50 BMG 12 Gauge

트 라이플은 서양 총이라면 5.56mm NATO탄이나 7.62mmNATO탄이 사용되고, 소련 총이라면 5.45mm탄이나 같은 7.62mm 중에서도 NATO탄보다 탄피가 39mm 짧은 것이 사용된다. 또한 기관총으로는 7.62mm NATO탄이나 12.7mm NATO탄이 널리 사용된다.

덧붙여서 여기에 나온 NATO탄은 북대서양조약기구군(NATO군)이 결정한 규격에 준거한 총알로 크기는 12.7×99mm, 7.62mm×51mm, 5.56×45mm, 9×19mm가 있다.

총알이 클수록 좋은 것은 결코 아니다. 예를 들어 돌격소총으로 사용하는 NATO탄 5.56mm과 7.62mm 중 사정거리가 길고 힘이 있는

NATO 표준탄약 운동에너지의 비교

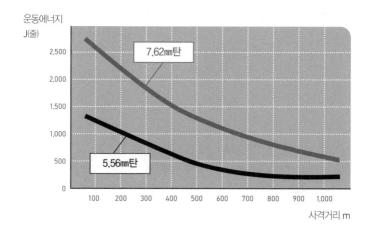

것은 7.62mm이다. 이 총알이 근처를 스쳐지나가기만 해도 굉장한 소리가 난다. 하지만 현재 주로 사용되는 것은 크기가 작은 쪽인 5.56mm이다. 작고 가벼워서 더 많은 탄약을 운반할 수 있고 반동이 적어 취급하기 쉽다. 또한 총알이 빠르고 탄도가 편평하기 때문에 목표 거리가 바뀌어도 겨냥하기 쉽다는 장점도 있다. 7.62mm은 탄도 포물선의 각도가 크기 때문에 거리에 따라 조준 설정을 맞추는 것이 어렵다.

전장의 행동학

| 총격을 받았다면 |

예를 들어 200m 정도 떨어진 거리에서 정지한 사람들이 돌격소총으로 총격을 당한다면 피탄, 즉 총에 맞을 가능성은 상당히 크다. 평소 총격에 익숙하지 않다면 총격을 당한 순간에는 무슨 일이 일어났는지도 모를 것이다. 총격을 받았다는 사실을 재빨리 판단할 수 있다고 해도 총성은 여러 가지에 반응하기 때문에, 어디에서 그리고 어느 정도 거리에서 쏜 건지 순간적으로 판단하는 것은 어렵다.

실제로 총을 옆에서 맞으면,
몸에 받는 충격은 예상보다 크다.

216

이때는 우선 몸을 엎드려 자세를 낮춰야 한다. 이유는 피탄 면적을 줄이기 위함이다.

총성이 들리면 어디에서 쏘고 있는지 확인하려고 두리번거리지 말고 조금이라도 빨리 몸을 엎드려야 한다. 훈련된 병사라면 이런 수칙이 몸에 배어 있어서 자동차의 백파이어(backfire, 역화) 소리만 들려도 반사적으로 몸을 엎드릴 것이다.

아무래도 총격을 받았을 때 냉정하기는 어렵다. 총을 쏘면 순간 주위 공기를 누르는 것처럼 압력이 생긴다. 실제로 대구경의 44매그넘 탄을 연발로 쏘면 옆에서 새는 압력은 상당해서 1m 정도 떨어져 있어도 머리가 흔들린다. 만약 수십 발, 수백 발의 총격을 맞게 된다면 총성의 격렬함과 몸에 영향을 주는 압력이 무시무시할 것이다. 또한 근처를 총알이 스치면 날카롭게 공기를 가르면서 소리를 내는데 이것도 공

포스럽다. 밤에는 날아오는 총알은 '번쩍' 불꽃을 쏟아내므로 더 무서울 것이다. 엎드릴 때는 서 있던 곳 발밑에 그대로 엎드린다. 순간 뛰어오른 후 엎드리면 어딘가에 부딪혀 부상을 입을 수 있기 때문에 조심해야 한다. 가능한 낮게 엎드리고 양손으로 머리를 보호한다. 발뒤꿈치 위치가 몸보다 높을 수 있으니 바깥쪽을 벌려 낮추도록 한다. 최대한 납작하게 엎드리는 것이 중요하다. 또한 두 다리를 벌리고 있으면 만약 총격을 당했다 하더라도 둘 중 한 쪽 다리는 지킬 수 있지만, 모으고 있으면 총을 맞기는 힘들어도 맞았을 때 두 다리 모두 다칠 위험이

총격을 받으면 그 자리에 엎드린다

총격을 받으면 즉시 엎드려 몸을 최대한 낮게 한다. 걷다가 갑자기 엎드리거나 앞이나 옆으로 뛰어오르면 어디에 무엇이 있을지 몰라 다칠 우려가 있다. 그렇기 때문에 한 발 뒤로 물러난 후 비키어 놓고 발밑으로 몸을 낮춘다.

높다. 어느 쪽이 나을지는 스스로 결정하는 수밖에 없다. 엎드려서 피탄을 벗어난 후에는 위협으로부터 거리를 두도록 한다. 곧바로 달려서 도망치라는 뜻이다. 상대가 돌격소총으로 공격한다면 300m 앞의 표적은 쉽게 맞출 수 있지만 표적이 움직인다면 명중률이 현저히 떨어진다. 그만큼 움직이는 것은 매우 중요하다. 총격이 어디에서 오는지 확인한 후 최대한 빠르게 반대 방향으로 달린다. 이때 지그재그로 달리는 것이 좋다고 알려져 있지만 실제로 추천하고 싶지 않은 방법이다. 지그재그로 달리는 것은 생각보다 속도가 느려서 사수가 저격하기 쉽다. 또한 금방 숨이 차서 속도가 느려지고 굴러 넘어질 위험도 있다. 굴러 넘어졌는데 총에 맞지 않았다면 사수가 그 상황이 웃겨서 웃느라 총을 쏘지 않은 경우일 것이다. 그만큼 빠르게 사격 지점에서 멀어지는 것이 중요하니 곧장 달리도록 하자.

달리면서 주변에 숨을 만한 곳이 있는지 찾는다. 가장 이상적인 차폐물은 두꺼운 콘크리트 벽이나 흙이 담긴 자루이다. 이런 차폐물을 발견하면 그 뒤로 들어가 몸을 보호한다. 민간인도 저격수의 저격을 받을 수 있다. 대중들에게 공포심을 줄 수 있기 때문이다. 원거리에서 저격을 당하면 어디서 공격하고 있는지 알 수 없기 때문에 역시 곧바로 몸을 낮추고 차폐물 뒤로 들어가도록 한다. 적군에게 들키면 바로 총격을 받게 될 상황에서는 적과 조우했을 때 엎드리지 말고 주저없이 바로 도망친다. 적군은 순간 발포를 망설일 것이기 때문에 그 망설임에 목숨을 거는 수밖에 없다.

4초 기다린 후 다음 행동을 결정한다

총격을 받고 반사적으로 몸을 엎드렸다가도 당황한 나머지 곧바로 몸을 일으키면 자동으로 연사하는 총의 먹잇감이 될지도 모른다. 엎드린 후 4초에서 최소 3초까지 기다리면서 다음 행동을 결정한다. 만약 30발을 장전한 돌격소총을 자동사격으로 방아쇠를 당기면 1초에 10~12발을 발사하기 때문에 공격을 끝내는 데 3초밖에 걸리지 않는다. 하지만 실제로 그런 사격 방법을 실행에 옮길 일은 별로 없다. 보통 3회나 4회로 나누어 방아쇠를 당긴다. 기관총은 6발 정도씩이다. 이 4초 동안 먼저 사수의 위치를 확인해야 한다. 사수는 사격한 장소에서 다른 곳으로 이동할 수도 있고 다른 사수가 있을 수도 있다. 최대한 냉정하게 청각과 시각을 이용해서 사수의 존재를 확인하고 근처에 몸을 숨긴 후 차폐물을 찾는다. 또한 그대로 엎드려 있을지, 차폐물에 숨을지, 달려서 멀리 도망칠지 결정한다. 사수의 저격 대상이 분명하게 자신인 경우에는 엎드려 있거나 멈춰 있기만 해도 표적이 되기 때문에 곧바로 움직이는 것이 좋다. 사수로부터 먼 방향으로 최대한 빨리 달려서 차폐물을 찾아 숨도록 한다.

행동의 선택지

1. RUN – 도망친다

사수로부터 거리를 두는 것이 가장 효과적인 방법이다. 4초 동안 사수의 위치를 확인한 후 반대 방향으로 똑바로 도망친다. 사수가 다른 곳에도 여러 명 있을 수 있기 때문에 주의한다.

2. HIDE – 숨는다

사수의 위치를 확인하는 동시에 근처에 몸을 숨길 곳이 없는지 찾는다. 총알을 막을 만한 두꺼운 콘크리트 벽이나 흙을 담은 자루가 있으면 가장 좋지만 없다면 몸을 숨길 만한 차폐물이면 무엇이든 좋다. 그것만으로도 총격을 받을 위험성을 줄일 수 있다.

위협으로부터 거리를 두는 것을 우선으로 한다

사수가 어느 정도의 사정거리가 필요한 무기를 사용하고 있는지 알 수 없다. 이럴 때 우선 도망을 생각한다. 사수의 위치를 모른다면 다른 사람이 도망치는 방향을 보고 추측한다.

| 총알로부터 몸을 지킬 수 있는 차폐물 |

차폐물은 둘로 나누어 생각한다. 하나는 총알로부터 몸을 지키는 것과 또 하나는 총알로부터 몸을 지킬 수는 없지만 사수의 시야를 가로막을 수 있는 것이다. 차폐물의 그늘에 들어갈 때 그것이 둘 중 어디에 속하는지 이해하지 못하면 차폐물을 관통한 총알에 맞을 수도 있다. 또한 쏘는 거리와 각도에 따라 차폐물의 기능이 달라진다. 같은 헬멧이라도 똑바로 맞으면 관통하지만 비스듬하게 맞으면 튕겨나가도 한다. 이마에 총탄을 맞았지만 각도가 낮아서 총알이 튕겨나가 죽지 않았다는 농담같은 이야기도 있다. 그렇지만 돌격소총의 파괴력은 크기 때문에 일반 주택의 벽이라면 간단하게 관통할 것이다. 콘크리트 블록이나 담벼락도 같은 부분을 여러 발 연속으로 맞으면 관통한다. 확실하게 총알을 막을 수 있는 차폐물은 두꺼운 콘크리트 벽, 기둥, 흙이든 자루, 딱딱한 바위 정도이다. 이밖에도 총알이 무언가에 맞아 튕겨나오는 도탄도 어디에서 날아올지 몰라 무섭다. 콘크리트 방은 놀라울 정도로 잘 튀기 때문에 도탄이 튕기고 튕겨서 실내를 몇 번이나 왕복할 수도 있다. 특히 러시아제 총알은 탄심이 철이기 때문에 더 잘 튄다.

주요 차폐물

수목

큰 나무줄기라면 어느 정도 총알을 막을 수 있지만 돌격소총과 기관총을 사용해 연속으로 쏜다면 결국 부러지고 만다. 나무 덤불이나 울타리는 상대의 시야를 막아주는 차폐물로 큰 도움이 된다. 총알을 막을 수는 없기 때문에 이러한 차폐물의 뒤에 들어가면 낮은 자세를 취해야 한다.

일반주택의 벽(주로 석고 보드로 된 내벽)

목조 주택의 벽과 석고 보드로 된 벽은 골판지와 같다. 집에 있는 소파와 침대, 테이블, 세탁기 등도 총알을 막지 못한다. 금속 부품이 많은 냉장고와 PC는 총알이 닿는 각도에 따라 막을 수 있을지도 모른다.

두꺼운 콘크리트 벽

두꺼운 콘크리트 벽은 방탄이 잘 된다. 콘크리트 빌딩은 숨을 곳으로 딱 좋다. 그 외에도 옛것이지만 흙이 든 자루는 총알이 통과하지 않기 때문에 군 기지에 많이 사용된다. 인터넷이나 철물점에서 파는 흙이 든 자루에 흙이나 모래를 넣어 놓으면 된다. 위험을 느꼈다면 만들어둬도 좋을 것이다.

차량

차량에는 금속 부품이 많지만 차의 문과 차체 대부분은 총알이 관통할 수 있다. 총알을 막을 수 있는 부분은 차축 주위나 엔진 블록 정도이다. 자동차 너머에 있는 표적을 쏠 때 총을 땅으로 쏴서 도탄으로 맞추는 방법도 있으니 자동차 뒤에 숨는 것은 좋지 않다.

방탄 보호 장비

군인이면 방탄복이라는 방탄 보호 장비를 장착하고 있다. 방탄 성능은 제품에 따라 천차만별이며 성능의 차이에 따라 분류된다. 최근 주로 사용되는 방탄복에는 세라믹 플레이트가 들어있다. 비교적 가벼운 소프트 타입의 방탄복은 시트 모양으로 되어 있다.

| 수류탄이 던져졌다면 |

수류탄 사용법은 간단하다. 안전핀을 뽑고 레버를 떼면 신관에 점화되어 4초 정도 후에 폭발한다. 기온이 높은 여름이면 그보다 조금 빨리 폭발하고 기온이 낮은 겨울이면 늦어진다.

수류탄을 벽에 맞춰 튕겨 나오게 해 뒤쪽에 있는 표적을 노리는 고급 기술을 사용하는 군인도 있고, 반대로 아래로 굴려 던지기 위해 홀스터에 맞아 자기 발밑에 떨어지거나, 던졌는데 앞의 벽에 맞아 튕겨 나오는 등 만화에서나 볼 법한 실수를 하는 군인도 있다.

수류탄은 방사상으로 폭풍과 파편을 날리기 때문에 폭발로부터 3m 이상 떨어져서 엎드리면 피해를 크게 줄일 수 있다. 만약 수류탄을 던지게 된다면 즉시 수류탄을 향해 크게 뛰어 엎드린 뒤 손으로 귀와 머리를 보호하고 입을 벌려 폭발에 대비한다. 입을 벌리는 것은 폭발로부터 신체를 보호하기 위해서이다. 이 행동을 하지 않으면 고막이 찢어지거나 안구가 튀어나올 수도 있다.

숙련된 병사라면 레버를 뗀 뒤 조금 기다렸다가 던지기도 한다. 이렇게 하면 수류탄이 공중에서 폭발하여 360도 방향으로 파편이 날아가기 때문에 떨어져서 엎드리는 것만으로는 피해를 막을 수 없다. 주워서 되던지는 일 역시 불가능하다.

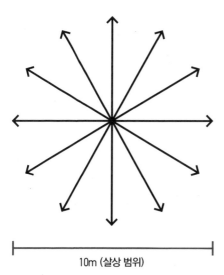

10m (살상 범위)

공중에서 폭발한 경우

수류탄이 공중에서 폭발하면 수류탄 자체를 알아채기 어렵고 게다가 폭발과 파편이 전방으로 날아가기 때문에 엎드려도 피해를 막을 수도 없다. 그래서 조금 시간을 두고 던지는 군인도 있다.

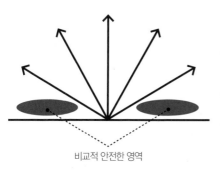

비교적 안전한 영역

지면에서 폭발한 경우

수류탄 폭발은 방사상으로 퍼지기 때문에 지면에서 폭발한 경우, 3m 떨어져서 엎드리면 피해를 줄일 수 있다. 또한 폭발까지 시간이 걸리기 때문에 상대에게 되던질 수도 있다.

| 전장에서의 마인드세트 |

전쟁 중에 사람이 받는 스트레스는 매우 크다. 밤낮으로 계속되는 폭격의 충격과 총격 소리, 미래에 대한 불안 등으로 인해 부담은 커져 간다. 특히 통증이나 공포 때문에 울부짖는 소리를 듣거나 시체 냄새를 맡으면 쉽게 잊혀지지 않고 마음에 깊은 상처가 남는다.

평소라면 세상에는 매너라는 것이 있어서 자신이 바르게 행동하면 다른 사람에게 상처받는 일은 적다. 하지만 전쟁 상황에서는 그런 무언의 약속들이 모두 허물어진다. 아무런 나쁜 행동을 하지 않았는데 공격을 받고 자유를 빼앗기며 심지어 사람의 목숨까지 앗아간다.

현 상황을 받아들이지 못하면 결국 정신은 붕괴하고 만다. 그렇기

불합리와 비상식이 버젓이 통하는 전쟁에서는 무엇이 옳고 그른지를 따지는 것이 의미 없다. 자신과 가족이 살기 위해 해야 할 일을 할 뿐이다.

때문에 멘탈을 다잡으려면 평소의 상식과 도리는 버리고 전쟁에서 살아남겠다는 일념 하나로 버텨야 한다.

사람은 살고자 하면 살기 위한 행동을 한다. 반대로 죽고자 하면 죽기 위한 행동을 한다. 그러나 그 어느 쪽도 전쟁에서 살아남을 수 없다.

군인은 어떻게 생명의 위협을 무릅쓰고 전쟁에서 용감하게 행동할 수 있는 것일까. 생존을 간절히 바라기 때문도 죽어도 괜찮다고 생각해서도 아니다. 오로지 전쟁이라는 미션을 성공시키기 위해 행동하기 때문이다.

이 마인드세트는 민간인에게도 필요하다. 먼저 지금 자신이 해야 할 일에 집중한다. 그리고 그 결과에 대해 기대도 후회도 하지 않아야 한다. 그래야만 전쟁 스트레스로부터 자신을 보호할 수 있다. 미션은 사람마다 다를 것이다. 당신에게 가족이 있다면 가족을 지키는 것이 미션이 된다. 가족을 지킨다는 생각 하나만으로 해야 할 일을 한다. 이렇게 해야만 전쟁이라는 불합리 속에서 자신을 잃지 않을 수 있다.

| 가족을 지키기 위해 싸워야 할 수도 있다 |

말했듯이 전쟁은 불합리함의 연속이다. 특별한 이유 없이 사람이 다치고 목숨을 잃는다. 남녀노소 관계없이 말이다. 미사일과 폭탄은 사람을 가리지 않고 무자비하게 발사된다. 인간으로서 상상도 할 수 없을 정도로 잔인해지는 것이다. 이는 인류의 역사를 돌이켜보면 쉽게 알 수 있는 사실이다. 잔인함이 나의 가족에게 향할 수도 있다는 것을 당연시 해야 한다. 가족이 다치거나 살해당할 상황이 됐을 때 어떻게 행동해야 할까. 저항하다가 목숨을 잃을 것인가, 반격할 때가 올 때까지 참을 것인가. 다양한 상황과 행동을 상상해볼 수 있지만 분명한 것은 정답도 오답도 없다. 가족을 지키는 것이 자신의 미션이라면 미션을 수행하는 과정에서 다른 사람을 공격하는 것도 마다하지 않게 될 것이다. 가족을 지키겠다고 각오를 한 순간 인간은 강해진다. 이 생각에 대한 옳고 그름은 문제가 되지 않는다. 하지만 자신이 어떻게 행동할지에 대한 지표는 갖고 있어야 한다.

싸움의 형태도 여러 가지가 있다. 막연하게 생각되겠지만, 막상 싸우게 되면 혼자서 무기를 가지고 싸우는 방법도 있을 테고 같은 생각을 가진 사람들끼리 협력하는 방법도 있을 것이다. 당장 지금은 군인이 아닌 자신이 싸우는 모습은 잘 상상이 되지 않는다. 하지만 역사적으로만 봐도 게릴라와 빨치산처럼 민중들이 무기를 든 예는 많다. 실제로 가족이 적국 군인에게 습격을 당하는 상황이 되면 그것은 곧 자국 군대가 더 이상 제 역할을 하지 못한다는 뜻이기 때문에 필연적으로 내가 나서서 싸우게 될 것이다.

결국 중요한 것은 역시 '준비'와 '계획'이다. 언젠가 싸워야 할 날을 위해 지금 당장 무엇을 할 수 있을지 진지하게 생각해두는 것이 좋다.

가족의 안전이 위협받을 때 어떻게 대응할 것인가
소중한 가족이 다치거나 살해당할 우려가 있다고 느낄 때 어떤 행동을
취해야 할까. 싸우는 것도 선택지 중 하나이다.

전장에서 이동하는 방법

| 도보 vs 자동차 |

적군을 피해 도주할 때 장거리 이동을 해야 할 수도 있다. 이때 차량으로 이동하는 것이 좋을까 걷는 것이 좋을까. 상황에 따라 다를 것이다.

차량 이동은 노력은 적게 들면서 이동 거리를 벌 수 있다는 점이 가장 큰 장점이다. 먼 거리를 이동해야 하는 경우 어린아이나 노인이 있다면 차량 이동이 좋다. 짐을 많이 실을 수 있다는 것도 장점이어서 본격적으로 거점을 이동할 때 도움이 된다. 하지만 차량은 공격 대상이 되기 쉽다는 큰 단점이 있다. 특히 적국의 항공기가 하늘을 날고 있다면 반드시 차량을 공격해올 것이다. 적국에게 공격받을 가능성이 있는 경우 또는 적국에 지배된 지역을 통과할 경우 차량 사용은 피해야 한다.

한편, 도보는 이동 거리가 크게 짧아진다. 성인 남성이 일반 도로를 걷는 경우 시속은 4~5km이다. 하루에 8시간 걷는다 해도 최대 40km까지 걸을 수 있다. 식사와 휴식 시간도 필요하기 때문에 현실적으로 30km 정도 가능하다. 짐이 많은 경우, 산속을 걷는 경우, 가족 구성원이 많은 경우에는 속도가 더 떨어진다. 게다가 도보로 이동한다는 것은 공격당할 수 있는 상황에 처했다는 뜻이므로 항상 경계하면서 걸어야 한다. 즉, 전시하에서 도보로 장거리를 이동한다는 것은 상당히 힘든 일이다. 하지만 이 방법은 적군에게 발견되기 어렵다는 장점이 있다. 특히 속도가 느리거나 조용하다면 눈에 잘 띄지 않고 적군을 발견했을 때 몸을 숨기기도 쉽다. 전장에서 안전하게 이동하려면 도보를 선택하는 편이 현명하다고 볼 수 있다.

움직이기 쉽고 눈에 잘 띄지 않는 복장

도보로 장거리를 이동할 때 움직이기 쉬운 복장을 한다. 적에게 발견되지 않도록 튀는 색상의 옷은 피하고 짐가방은 당연히 백팩이 편하다.

| 도보 루트를 정한다 |

적군으로부터 도망갈 때 또는 나의 존재를 숨겨야 할 때, 어떤 길을 걸을지 루트를 선택하는 것은 매우 중요하다. 사람이 걸을 수 있는 루트는 여러 가지가 있지만 '여기로 가면 절대 안 된다'는 루트는 없다.

자신의 존재를 숨겨야 할 때의 포인트는 내가 그곳에 있다는 것을 눈치채지 못하게 하는 것과 다녀간 흔적을 남기지 않는 것이다. 그렇게 하려면 적의 시각과 청각, 후각에 걸리지 않도록 해야 한다. 또한 이동의 용이성도 고려해야 한다. 가장 걷기 쉬운 루트는 포장도로이다. 걷는 방법에 따라서는 소리도 나지 않고 흔적도 잘 남지 않는다. 그렇지만 포장도로는 적군도 이용할 위험이 있고 탁 트여 있기 때문에 멀리서도 발견하기 쉽다. 만약 적군과 조우할 위험성이 그나마 낮고 이동거리를 줄이고 싶다면 포장도로가 최적의 루트가 된다. 뿐만 아니라 야간에 걷는다면 발견될 확률도 낮다.

어떤 루트든 장단점이 있으므로 상황을 잘 판단해 루트를 관리할 필요가 있다. 오른쪽의 설명을 참고해 적당한 루트를 선택하도록 하자.

자갈길

입자가 큰 자갈은 흔적은 잘 남지 않지만 걸을 때 소리가 나기 때문에 상대는 알아채기 쉽고 자신은 알아채기는 어렵다. 입자가 가는 모래나 진흙은 발자국을 남기기 쉽다.

포장도로

걷기 쉽고 소리도 잘 나지 않는다. 흔적도 잘 남지 않는다. 그러나 적군과 조우할 위험이 높다. 사방이 트여 있어서 상대에게 발견되기 쉽기 때문에 한가운데로 걷지 않는다.

초목이 우거진 길

덤불이 있으면 몸을 숨기기 쉽고 가까운 거리 내에 적군이 지나가더라도 알아채지 못할 가능성이 있다. 하지만 잔디를 밟거나 식물의 가지를 꺾으면 흔적이 남으므로 조심해야 한다.

강변

발자국이 남긴 하지만 강이 흐르는 소리 때문에 들킬 위험이 적다. 하지만 동시에 상대의 존재도 알아채기 어려우므로 주의해야 한다. 몇 차례 강을 건너면 군용견의 추적도 따돌릴 수 있다.

발견되지 않으면 공격당하지 않는다

공격받지 않기 위해서는 상대에게 존재를 들키지 않는 것이 가장 좋다. 그러려면 기본적으로 개방된 장소를 걷지 말아야 한다. 근처에 적이 보이지 않는다 해도 어디선가 망원경과 스코프로 나를 보고 있을지도 모르기 때문에 넓게 트인 곳을 횡단하는 것은 피한다. 특히 주요 교차로는 저격수에게 발각될 위험이 있으니 주의해야 한다. 그래도 통과해야 한다면 단숨에 달려가거나 벽 뒤로 이동하도록 한다. 절대 도로 한가운데를 버젓이 건너서는 안 된다.

움직이는 시간대도 중요하다. 당연한 말이지만 대낮에는 활동 중인 적군이 많아 눈에 띄기 쉽다. 걷다가 풀을 건드려 흔들리기만 해도 적군에게 발각될 수 있으니 적군이 많은 지역을 걸을 때는 반드시 밤에 걷도록 한다. 적군이 암시장치를 소지했을 수도 있으니 어둠 속에서는 몸을 숨기고 행동해야 한다. 그렇게 하면 암시장치가 있어도 발견될 확률이 낮다. 스스로는 인지를 못하지만 현대인은 걸을 때 지면과 신발을 문지르면서 매우 큰소리를 내는 경향이 있다. 게다가 하이힐이나 구두를 신고 있다면 백발백중 걸을 때 소리가 날 것이다. 자신의 존재를 들키지 않기 위해서는 가능한 한 소리가 나지 않는 부드러운 밑창의 신발을 신고 발을 질질 끌지 않도록 한다. 운동화가 가장 좋지만 안전용으로 반사 소재가 붙어 있는 운동화는 야간에 눈에 띄기 쉬우니 주의하자. 옷이 스치는 소리도 위험하니 신경 써야 한다. 면 소재라면

공격당하지 않기 위해 몸을 숨긴다

당연한 말이지만 공격당하지 않는 가장 좋은 방법은 적에게 발견되지 않는 것이다. 그래도 이 사실을 인지하고 있느냐 그렇지 않느냐에 따라 생존할 수 있는 확률은 크게 바뀌기 때문에 꼭 인지해두도록 한다.

움직여도 소리가 나지 않지만 나일론처럼 화학섬유를 사용한 옷이라면 걷기만 해도 소리가 나기 때문에 유의해야 한다. 특히 우비의 소재는 대부분 '사그락' 소리가 나는 소재이니 조심해야 한다. 비를 맞아도 몸을 젖지 않아 쾌적하므로 우비 위에 소리가 나지 않는 옷을 겹쳐 입으면 좋다.

인체의 실루엣을 감추는 것도 쉽게 발견되지 않는 요령이 될 수 있다. 우리는 누구나 '인간이라면 이런 실루엣을 가졌겠구나'라는 고정관념을 갖고 있다. 그렇기 때문에 그 고정관념에서 벗어나는 실루엣과 움직임을 하면 타인이 나를 인간이라고 인식하기 어렵다. 일반적으로 머리의 형태와 머리부터 어깨 사이의 라인, 다리와 겨드랑이 윤곽이 사람의 실루엣을 나타낸다. 따라서 머리에 스카프를 두르든지 다리나 겨드랑이의 틈새가 드러나지 않도록 딱 붙이고 서 있으면 좋다. 몸을 부자연스럽게 구부려 나뭇가지처럼 보이게 하는 것도 하나의 방법이다. 보기에는 우스꽝스러울 수 있지만 어느 정도 거리가 있다면 사람으로 보이지 않아 공격당할 위험이 적다.

겨드랑이와 다리 사이 등
사람처럼 보이는 실루엣을 숨긴다

이족보행임을 알 수 있는 다리와 다리 사이, 펴진 목과 둥근 머리 모양, 몸과 손의 라인, 손발의 형태 등 사람이라고 인식되기 쉬운 부분을 숨기면 발견되기 어렵다(왼쪽 그림 회색 부분). 또한 윤곽을 천이나 베일로 덮어버리는 방법도 있다(아래 그림).

실루엣을 감추고
모퉁이에서 상황을
확인하는 방법

벽 뒤에서 머리만 쏙 내밀면 둥근 머리 때문에 금방 정체가 탄로난다. 팔로 머리를 감싸 사람의 실루엣처럼 보이지 않게 만들고 천천히 뒤쪽에서 나와 엿보도록 한다.

| 정찰 기술 |

정찰(scout)이라는 특수한 전투 기술을 가진 사람들이 있다. 그들은 소수정예로 팀을 구성해 적진 깊숙이 침투하여 정찰이나 감시를 하며 때로는 적군과 불과 몇 m 떨어진 가까운 거리에서 접근 임무를 수행한다. 원래 이 기술은 일부 아메리카 원주민이 사용하던 능력이다. 주위와 융화되어 자신의 인기척을 지우고 위장 후 상대에게 들키지 않도록 접근하는 스토킹 기술과 상대의 흔적을 찾아 추적하는 트래킹 기술, 아무것도 없는 상태에서 생존하는 서바이벌 기술 등 몇 가지 기술로 구성되어 있다. 또한 정찰대는 총기를 사용하는 전투 기술은 물론 칼이나 맨손 격투 기술도 뛰어나다. 만약 적에게 존재가 알려지면 신속하게 그리고 조용히 적을 제거한다.

자연과 일체가 되어 자신의 존재는 들키지 않고 상대의 낌새를 감지하는 이러한 기술은 바로 전장에서 생존하기 위해 필요한 핵심 기술이다. 이 기술은 바로 차용할 수는 없겠지만 알아두기만 해도 많은 도움이 되기 때문에 지금부터 정찰 기술에 대해 자세히 설명하겠다.

정찰 기술

위장술(camouflage)

사람의 실루엣과 소리, 냄새는 자연에서 위화감이 든다. 얼굴에 페인팅을 하거나 입는 옷을 이용해 위화감을 최대한 없애고 주변과 일체가 되기 위한 일종의 위장술이다.

은밀행동(stocking)

아메리카 원주민은 자연의 기준선을 방해하지 않는 선에서 사냥을 하기 때문에 먹이에 몰래 접근하기 쉽다. 이처럼 자연의 기준선을 방해하지 않고 자신의 존재를 들키지 않고 이동하는 것이 중요하다.

추적활동(tracking)

사냥감이 남긴 흔적을 찾아 추적하는 기술이다. 사냥감의 발자국을 보고 통과한 시점을 추측하고 사냥감이 어떻게 행동할 것인지 읽는다. 적을 아는 것은 전장에서 살아남기 위해 매우 중요하다.

생존술(survival)

생활 도구가 많을수록 노출 가능성이 커진다. 반대로 자연의 소재만을 이용한 생존 기술은 흔적을 줄일 수 있다. 은밀한 생존 기술이 필요하다.

자신의 모습을 주위에 융화시켜 존재를 지우는 기술이다. 외모뿐만 아니라 소리와 냄새도 자연에 융화시킨다. 얼굴에 페인팅을 하거나 스카우트 슈트라고 불리는 위장복을 착용하기도 한다.

위장복은 몸의 윤곽이 드러나지 않도록 페인팅을 한 전투복이다. 숨는 방법과 움직이는 은밀행동(스토킹)이 동반하면 훌륭하게 자연에 융화될 수 있다.

실제 전투에서는 일주일 전부터 체취를 강하게 하는 알코올류와 육류, 조미료를 먹지 말고 샴푸와 린스, 향수도 사용하지 않아야 한다. 그리고 작전 3일 전에는 땀을 흘리는 운동을 하면서 노폐물을 내보낸다. 몸을 씻을 때는 비누를 사용하지 않고 물(온수)만 사용한다. 물론 치약도 사용하지 않는다. 그런 화학제품의 냄새는 모두 자연에 없기 때문에 사용하게 되면 자연의 기준선을 혼란시킨다. 냄새가 나는 겨드랑이와 사타구니의 림프에는 탈취효과가 있는 숯을 갈아서 발라 냄새를 철저하게 없앤다.

은밀행동

또한 신발은 자연 속에서 눈에 잘 띈다. 얼굴과 몸을 자연스럽게 잘 감추었다고 해도 신발이 보이면 바로 사람이 있다고 알아차리게 된다. 부츠의 광택을 지우고 위장 페인트를 바르도록 한다. 은밀행동(소리 없이 다가가는) 기술은 자연과 하나가 되어 존재를 드러내지 않고 이동하기 위한 것이므로 위장술과 함께 사용된다. 자연계의 기준을 흐트러뜨리지 않고, 즉 자신의 모습과 소리, 냄새를 내지 않고 이동한다. 일명 '움직임을 위장하는 기술'이다.

기본이 되는 움직임을 전술보행이라고 부른다. 자신의 모습이나 소리 등은 최대한 억제해 자연과 동화시키는 동시에 오감을 최대한 작동하면서 걷는 방법이다. 스카우트는 자신의 존재가 감지되기 전에 먼저 상대를 알아보는 것이 필수이기 때문이다. 일단 스토킹 대상이 정해지면 몸의 움직임은 이전보다 훨씬 더 느려지고 특수한 이동 방법과 걸음걸이로 소리 없이 상대에게 다가갈 수 있다.

추적활동은 아메리카 원주민 사냥꾼들이 사냥감을 추적하던 기술이다. 이것을 익혀두면 상대의 작은 흔적 하나만 있어도 놀라울 정도로 많은 정보를 얻을 수 있다. 실제로 사람 발자국 하나에서 얻을 수 있는 정보는 매우 많다. 인원 수는 물론이고 보폭을 보고 체격을 알 수 있으며 발자국의 깊이로 장비의 양을 짐작할 수 있다. 언제쯤 여기를 통과했는지, 걷고 있는지 뛰고 있는지, 경계하면서 걷고 있는지 등을 파악할 수 있다. 뛰어난 군인이라면 한 발 더 나아가 상대의 기량이나 몸을 움직이는 습관까지 읽을 수 있다. 이것을 알면 싸울 때 어느 쪽에서 공격하는 것이 유리한지 판단할 수 있어 좋다. 또한 발자국을 남긴 상대가 무슨 생각으로 무엇을 하려고 했는지도 짐작할 수 있다. 멈춰서 왼쪽을 향했다면 거기에 무엇이 있었을지도 모르고, 또 그 장소에 엎드린 흔적이 있다면 적을 발견했을지도 모른다고 추측할 수 있다. 또한 그 흔적이 규칙적이라면 경계하면서 진행 중이라고 짐작하면 된다. 인공적인 냄새를 뿌리고 자신의 발자국에 개의치 않고 걷던 사람이 이런 노련한 군인에게 쫓긴다면 잠시도 버티지 못할 것이다.

생존술

자연 속에서 최소한의 도구만으로 생존할 수 있는 기술을 익혀야 한다. 그러려면 자연의 이치를 이해하고 자연에 있는 소재를 활용하는 방법을 알아둬야 한다. 반대로 말하면 그런 것들을 알고만 있어도 자연은 풍요롭고 매우 편안하게 머물 곳이 된다. 예를 들어, 살아남기 위해 최우선으로 생각해야 할 것은 체온 유지인데, 텐트가 없다면 나뭇가지와 잎을 사용해 비와 바람으로부터 자신을 보호하는 쉼터를 만들 수 있다. 또한 낙엽을 옷 속에 넣거나 쌓인 낙엽 속에 숨어 있어도 체온 유지에 도움이 된다. 그 사실을 알고 있는지의 여부가 생사를 좌우한다.

격투술도 전장에서 살아남기 위한 기술 중 하나이다. 싸움은 가능하면 피하고 싶겠지만 만약 싸우게 된다면 짧은 시간에 조용히, 좁은 지역에서, 체력을 최대한 사용하지 않고 적을 제거해야 한다. 이를 위해 맨손이나 칼을 사용한 격투술을 배워놓자.

위험을 신속하게 감지한다

자신에게 다가오는 위협을 재빨리 알아챈다. 이것 또한 스카우트 기술이다. 상대를 빠르게 감지하고 적과 조우하지 않아야만 전장에서 살아남을 수 있다. 미세한 인기척을 느낀다고 하면 초자연적이거나 비현실적으로 들릴 수도 있지만, 실제로 그것은 훈련을 통해 가능하다. 그것을 위해 가장 중요한 것이 바로 자연계의 기준선을 잘 아는 것이다. 기준선이란 이 책의 초반에서도 언급했듯 아무 일도 없는 평소의 상태를 말한다. 우선 이 상태가 어떤 것인지 정확하게 간파할 수 있어야 한다. 예를 들어 하루는 숲에 들어가서 지내보면 좋다. 처음 숲에 발을 들이면 새는 울음소리를 내며 날아오르고 짐승은 내가 먼저 알아채기도 전에 달아날 것이다. 이 상황에서 당신은 기본선을 완전히 방해하는 존재이다. 한 자리에 앉아 조용히 지내보면 어느새 날아갔던 새는 원래 자리로 다시 돌아와 부드러운 울음 소리를 내기 시작하고 웅성이던 동물들도 안정을 찾는다. 당신이 자연스럽게 융화되어 기준선 속의 존재로 바뀌게 되는 순간이다. 그대로 평온하게 있다 보면 하루에도 몇 번씩 기준선이 바뀌고 있다는 것도 알아챌 수 있다. 동물이나 곤충들이 일어나 활동을 시작한다. 아침에는 아침의 기준선이 있고, 움직임이 적은 낮에는 낮 동안의 기준선이 있다. 야행성 동물이 움직이는 야간에도 마찬가지이다. 물론 계절마다 차이는 있다. 하지만 이렇게 숲의 기준선을 세세한 부분까지 느끼게 되면 기준선을 어지럽히는 이상

징후를 재빨리 감지할 수 있다. 자연과 하나가 됨으로써 자연을 어지럽히는 기척(파문)을 느낄 수 있게 되는 것이다.

이처럼 자연스럽게 자연에 녹아들기 위해서는 마음은 평온하게 동작은 완만하게 해야 한다. 이를 위한 훈련도 있다. 우선 조용한 밤을 떠올리며 파도 한 점 없이 달빛이 비치는 잔잔한 수면을 상상한다. 잔잔한 수면의 이미지가 곧 자연에 융화되고 있는 상태이다. 상상 속 바다에 파장이 생기면 무언가 다른 존재 또는 자신이 기준선을 어지럽히고 있다는 뜻이다.

마음을 평온하게 한 상태에서 20분 이상 있으면 바람의 움직임을 느끼게 되고 나무와 새, 곤충들이 내는 소리가 들려오고 결국 자연에 융화된 상태가 될 것이다. 그러다가 바닷가에 암벽이 나오면, 다시 말해 자신의 환경에 변화가 있으면 다시 융화하는 연습을 해야 한다. 환경이 바뀌면 기준선도 변한다. 그 연습을 게을리 하면 결국 내가 이물질이 된다.

| 포괄적인 시선으로 위험을 감지한다 |

　인기척이나 위화감을 시각적으로 느끼는 방식인 포괄적인 시선
(wide angle vision, 넓은 시야)을 소개한다. 이는 눈의 초점을 어디에도 맞
추지 않고 시야 전체를 한 번에 넓게 보는 방법이다. 평소 우리는 한 점
에 집중하는 폐쇄적인 시선(tunnel angle, 좁은 시야)을 사용하지만 이것
으로 볼 수 있는 범위는 작다. 반면 포괄적인 시선을 사용하면 시야가
넓어지고 상황의 변화를 파악하기 쉽다. 동물들은 주로 포괄적인 시선
을 사용해 목표를 정하고 공격할 때 폐쇄적인 시선을 사용한다. 이처
럼 두 가지 시선을 잘 구분하자.

포괄적인 시선을 사용할 때는
몸과 마음을 평온하게 유지
하고 자연의 기준선에 융화된
상태로 실행한다.

| 소리와 냄새에 민감해져야 한다 |

전장에서는 인간이 가진 시각, 청각, 후각을 최대한 활용해 상대의 존재를 감지해야 한다. 대부분의 병사가 가장 신뢰하는 것은 바로 시각적 정보이다. 그러나 시각으로 무언가를 본다는 것은 적군도 마찬가지로 보고 있다는 뜻이므로 위장을 하지 않으면 위험하다. 그 전에 청각과 후각으로 얻은 정보를 통해 위험을 감지해야 한다. 실제로 소리와 냄새가 생명을 구하는 일은 아주 많다.

정찰대나 특수부대의 경우는 다르지만, 일반적인 보병은 상당히 소란스럽다. 대수롭지 않게 딱딱한 군화를 바닥에 비비며 걷고, 총기의 벨트나 쇠장식, 헬멧의 소리도 신경쓰지 않는다. 숲속에 숨어서 걷는 병사가 나뭇가지와 잎을 밟는 소리도 의외로 크다. 덤불에 숨으려다가 소리가 나서 들킨 군인도 있다. 침공한 보병이라면 목욕이나 세탁을 하지 않기 때문에 땀 냄새와 체취가 난다. 이밖에 군복 특유의 냄새도 있고, 걸은 후에는 흙 냄새가 날리기도 한다. 산길이나 숲속, 축축한 흙이라면 냄새가 짙어지며 밟은 풀의 푸른 냄새도 남기 쉽다. 하지만 뛰어난 스카우트는 1km 떨어진 거리에서도 총기의 기름 냄새까지 감지할 수 있다.

그러나 이러한 소리와 냄새 정보도 걸러내는 필터가 없으면 얻을 수 있는 양이 매우 적다.

흙이 날아오르는 냄새라는 필터가 있는지 없는지가 중요하다. 원래

소리와 냄새는 의외로 멀리까지 전해진다

뛰어난 군인이라면 비밀 작전 중 담배를 피우지 않는다. 사람이 내는 냄새와
소리는 의외로 멀리까지 가닿으므로 그것을 감지하는 안테나를 갖고 있다.

우리는 일상생활에서 정면에서 들리는 소리가 아니면 무시하고 넘어
간다. 하지만 전장에서는 360도 전방위로 안테나를 펴야 한다. 그러기
위해서는 조금씩 안테나의 범위를 넓혀 가면 좋다. 우선 정면의 소리
를 듣고 다음은 오른쪽의 소리를 더하고, 다음은 왼쪽, 그리고 뒤쪽, 이
런 식으로 전방위 아테나를 세워 나간다. 계속 그 상태를 유지하는 것
은 어렵기 때문에 안테나를 세우고 안전하다고 생각되면 이동하고, 다
시 안테나를 세우는 것을 반복하면서 진행한다.

| 밤에는 빛을 이용하여 은신처를 찾는다 |

밤이 되면 숨을 수 있는 장소가 더 많아진다. 빛과 그림자의 대비를 잘 활용하면 놀랄 만큼 대담한 장소에도 숨어 있을 수 있다.

빛과 그림자의 대비란 말 그대로 밝음 속에 있는 어두움을 사용하는 것이다. 예를 들어 달빛 속에 있는 전봇대의 그림자나 나무의 그림자를 이용하는 방법으로, 주위가 밝으면 그곳의 그림자는 거의 보이지 않으니 숨기 좋다.

따라서 이동할 때에는 이렇게 그림자에서 그림자를 타고 이동한다. 대비가 강한 쪽이 좋기 때문에 달빛이 적을 때보다 밝은 보름달이 뜬 밤에 숨을 수 있는 장소가 더 많다. 빛이 있으니 그림자도 있는 것이다. 차폐물이 있으면 가장 좋겠지만 빛과 그림자를 의식하면서 움직이면 상대의 시야 안이라도 쉽게 발각될 수 없다는 장점이 있다.

가장 발견하기 힘든 곳은 바로 빛의 뒤쪽이다. 만약 적군을 향해 비추는 라이트가 있으면 그 뒤가 완벽한 은신처이다. 자판기 옆의 그림자, 발밑을 비추는 가로등 뒤도 숨기에 좋다. 하지만 또 알아둬야 할 것은 적도 이런 곳에 숨어 있을 가능성이 크다는 사실이다. 밤에 적군을 찾을 때 빛과 그림자의 대비를 이용하면 좋다.

강한 빛의 그림자 뒤에 숨으면 좋다

동공은 강한 빛에 반응하여 작아지기 때문에 빛의 뒤쪽이나 자동판매기 등
강한 빛 옆으로 생긴 그림자에 몸을 숨기면 잘 발각되지 않는다.

| 정찰대의 움직임 |

정찰대는 움직일 때 항상 적으로부터 자신의 배경이 어떻게 보일지를 의식한다. 구체적으로는, 빛의 방향에 따라 다르지만 지평선에서 자신의 실루엣이 벗어나지 않도록 함으로써 자신의 모습을 배경에 묻을 수 있다.

주위에 아무것도 없는 탁 트인 공간을 이동할 때는 가능한 한 사람의 실루엣처럼 보이지 않도록 하면서 이동한다. 특히 머리부터 어깨 라인은 사람임을 가장 잘 드러내는 부분이므로 머리를 최대한 낮춰 어깨선에 맞춘다. 양손과 양발도 몸으로 감싼 자세로 천천히 움직이도록 주의한다.

배경에 묻혀서 사람의 실루엣이 흐트러지면 예상한 것보다 상대는 훨씬 더 존재를 알아채기 어려워진다. 또한 주위를 경계하면서 다른 방향을 볼 때는 목을 움직이지 말고 몸과 목을 동시에 천천히 움직일 것. 눈동자를 굴리며 이리저리 볼 때도 흰자가 보이지 않도록 해야 한다.

경계 강도가 높은 경우에는 엎드려서 자벌레처럼 몸을 천천히 물결 모양을 하며 앞으로 움직인다. 한 번의 동작으로 10cm~20cm밖에 전진하지 못하지만 자신의 인기척을 완전히 감출 수 있다.

✖ 평소처럼 걸으면 소리와
흔적이 나타나기 쉽다

⭕ 보폭을 좁게 하고 신발을
질질 끌지 않는다

발바닥 전체를 땅에 자연스럽게 둔다

발을 내릴 때는 뒤꿈치나 발가락이 아닌 발바닥 전체를 땅에 자연스레 내려놓도록 한다. 모든 동
작을 천천히 할 것

후방을 경계하면서 여러 사람이 이동하는 경우

야간에 몇 명이 함께 이동할 때는 전원의 실루엣을 하나로 만들어 사람의 형태로 보이지 않도
록 하는 방법도 있다. 앞 사람의 허리에 손을 갖다 대되, 가능한 사람처럼 보이지 않게 한다. 이상
을 감지하면 맨 마지막 사람이 앞으로 신호를 보내 조용히 쪼그려 앉거나 엎드려서 주위를 경계
한다.

253

위장복 만드는 방법

신체의 실루엣을 감추도록
위장하는 방법으로, 자연 속
에 융화되어 눈에 띄지 않도
록 한 야전복이다.

위장복이란

누구에게도 들키지 않고 적진 속을 이동하기 위한 야전복이 바로 위장복이다. 기성품이 아니기 때문에 본인이 직접 만드는 것이 일반적이다. 규칙성, 윤곽이 뚜렷한 아웃라인, 배경과 다른 대비 요소는 자연의 기준선을 방해하기 때문에 이를 없애는 작업을 한다. 사용하는 옷은 옷깃이 붙어 있는 칙칙한 색감의 작업복을 추천한다. 직선도 규칙성 중의 하나이기 때문에 가슴에 달린 호주머니같은 것은 모두 없앤다. 그 후 아웃라인 및 대비, 대칭 요소 등을 페인팅을 통해 제거한다.

만드는 방법

1. 올리브 오일을 뿌린다

자연에 없는 직선, 직각 라인을 갖고 있으므로 상의와 바지 뒷주머니를 모두 제거한다. 그 다음 군데군데 어두운 부분을 만들기 위해 올리브 오일을 띄엄띄엄 뿌려준다. 냄새가 나지 않는 엑스트라 버진 올리브 오일이 좋다. 양은 적당히. 너무 많이 뿌리면 돌이킬 수 없으니 주의하자.

2. 흙이나 모래를 바른다

옷은 인공물 자체이므로 인공물 특유의 광택을 없애기 위해 흙이나 풀을 발라준다. 흙이나 풀을 올리브 오일에 섞어 발라도 좋다. 실제로 슈트를 입고 활동할 지역의 흙과 풀을 사용하면 가장 효과적이다. 옷 전체를 신발로 밟고 흙이나 풀을 옷의 섬유에 문지른다.

3. 컬러 스프레이로 얼룩을 표현한다

녹색 또는 갈색 계통의 색상을 무작위로 뿌린다. 돌이나 나뭇잎을 놓고 그 모양대로 본을 떠도 좋다. 그 다음 윤곽을 지우기 위해 소매와 밑단, 팔의 바깥쪽에 검은 스프레이를 가볍게 뿌린다. 마지막으로 약간 밝은 아이보리 계열의 색을 멀찌감치 선 자세로 전체적으로 흩뿌린다. 이렇게 하면 잎 위에 앉은 모래 먼지를 표현할 수 있다. 적당히 천 조각을 꿰매 윤곽을 흐트려도 좋다.

정찰자의 위장 크림(Dohran)

사람이 사람처럼 보이는 이유는 피부의 질감 그리고 눈과 뺨의 굴곡 때문이다. 하지만 피부의 윤기는 자연계에 없다. 그래서 얼굴을 위장할 때 위장복처럼 사람의 모습을 없애는 작업을 해야 한다. 몇 가지 색의 위장 크림*을 사용해 얼굴에 얼룩을 그리는 위장도 있지만, 베이스가 되는 녹색과 같은 녹색 계열이면서 베이스보다 진한 녹색이 있으면 좋다.

입술과 귓구멍까지 꼼꼼하게 칠해야 한다. 볼록한 부분에 짙은 색을 칠해서 얼굴의 굴곡을 없애는 것이 포인트이다.

*위장 크림(Dohran): 군에서 사람이 사용하는 어두운 색체의 크림으로 신체나 얼굴에 칠하여 위장을 하는 방식이다. 보통은 국방색, 검은색, 갈색을 사용한다. 주로 육상 전투가 주 임무인 부대에서 사용한다.

만드는 방법

1. 베이스 색을 얼굴, 귀, 입술 전체에 바른다

진한 올리브색을 사용해 붉어 보이는 모든 부분에 바른다. 눈가 안쪽, 눈꺼풀, 입술 안쪽, 귀 뒤쪽이나 귓구멍 속, 목덜미 등에도 제대로 바른다. 바른 후에는 칠하지 않은 곳은 없는지 다른 사람에게 확인받으면 좋다.

2. 얼굴의 볼록한 부분에 진한 색을 바른다

인간의 얼굴은 코와 광대뼈 등 돌출된 부분은 밝게 보이고 반대로 안으로 들어간 부분은 어둡게 보인다. 이것을 역으로 이용한다. 사람의 얼굴을 인식하지 못하도록 돌출된 부분에 더 어두운 올리브색 도란을 바른다.

3. 얼굴 전체에 모래를 바른다

털이 없고 밋밋한 질감인 사람의 얼굴은 자연 속에서 눈에 띄기 때문에 얼굴 전체에 약간 입자가 고운 진흙이나 흙을 발라주면 좋다. 고운 모래를 묻혀도 괜찮다. 얼굴의 매끈한 느낌을 없애고 요철이 생기면 좋다.

4

전장에서 생활하기

| 전장에서 살아가야 하는 상황 |

전쟁이 일어나도 집이 남아 있고 이곳에서 계속 생활을 해나갈 수 있다면 비축해둔 물과 식량이 있어 다행이다. 만약 그것들이 없다고 해도 잘 곳은 확보할 수 있다. 포로가 되어 수용소에 들어간다 해도 궁상맞지만 식사를 얻어먹을 수도 있다. 그러나 화재로 인해 집에서 쫓기듯 나올 수밖에 없는 상황이라면, 또는 집이 미사일과 폭탄으로 없어지고 친척도 없다면 야외 생활을 해야 할 수도 있다. 뿐만 아니라 적군에게 쫓겨 숲속으로 도망쳐야 할 수도 있다. 이럴 때 자연 속에서 어떻게 살아가야 할지 생각해야 한다.

자연에서 생활할 때 비가 오면 금세 몸이 젖어 체온이 내려간다. 식수와 식량을 손에 넣는 것도 힘들다. 특히 야외에 익숙하지 않은 사람이 그런 생활을 하게 되면 순식간에 기력을 잃을 것이다. 그런 상황을 막기 위해 지금부터 야외와 친밀하게 지내보자. 놀이 캠프라도 좋으니 어떤 방법으로라도 자연을 몸으로 느껴두면 좋다.

| 생명을 지키는 우선순위 |

인간이 살아가기 위해 필요한 요소의 우선순위를 정해보면, 첫째는 체온 확보이다. 차가운 비와 눈 때문에 체온이 떨어지면 사람은 불과 몇 시간 만에 사망할 수도 있다. 그렇게 되지 않으려면 주변에 있는 자연 재료를 사용해 환경으로부터 몸을 보호하는 쉼터를 만들어야 한다. 체온 다음으로 필요한 것은 물이다. 사람이 물을 마시지 않고 살 수 있는 최대 시간은 72시간이다. 그 안에 마실 물을 확보해야 한다.

다음은 불이다. 가령 담뱃불은 어둠 속에서는 1km 떨어진 곳에서도 보일 정도이므로 주위에 적이 있는 상황에서 불을 피우는 것은 자살 행위나 마찬가지이다. 그러나 불이 있으면 조리가 가능하고 심적으로 좋은 에너지를 받을 수도 있어서 큰 도움이 된다. 만일 불을 피우려면 불이나 연기가 보이지 않도록 쉼터 안에 깊게 땅을 판다. 파낸 흙을 옆에 쌓아뒀다가 순간적으로 바로 다시 구멍을 메워 불을 끌 수 있도록 한다. 굵은 장작은 사용하지 말고 가는 가지를 이용해 손바닥 크기의 모닥불을 피우면 좋다. 연기를 최소화하기 위해 완전히 마른 장작을 고른다.

마지막 우선순위는 식량이다. 의외일 수 있지만 실제로 인간은 음식이 없어도 3주에서 30일까지는 생존 가능하다. 그래서 마지막 우선순위로 정한 것이다.

모닥불은 최소한의 것으로

주위의 안전이 확인되었다고 해도 모닥불은 최대한 작게 피우되, 불이 보이지 않도록 한다. 연기와 냄새도 주의한다.

259

| 전장에서의 음식 |

전장에서 가지고 다니는 음식물로 어떤 것이 적합할까. 가장 좋은 것은 조리할 필요가 없으면서 칼로리가 높은 음식물이다. 예를 들어 견과류와 말린 과일이 있다. 영향 균형을 생각한 단백질 바와 젤리, 건강보조식품 같은 것도 좋다. 이러한 것들은 소형이므로 휴대가 편리하며 꺼내서 한손으로 바로 먹을 수 있다. 아웃도어 매장이나 스포츠용품 매장에 가면 이러한 기능식이 많이 판매되고 있다. 과거에는 탄수화물이 에너지가 된다고 하여 마라톤 선수가 밥이나 파스타와 같은 탄수화물을 적극적으로 섭취했다. 하지만 탄수화물을 제한하고 지방과 단백질을 섭취해야 효율적인 에너지 섭취가 가능하다. 에너지 부족은 생사와 직결되기 때문에 단백질과 지방도 섭취하는 편이 좋다. 식사는 사람의 마음에 활력을 준다. 스트레스를 받는 상황이나 지친 상황에서도 초콜릿을 먹으면 뇌에 에너지가 공급되어 생기를 되찾을 수 있다. 음식을 고를 때는 영양뿐만 아니라 먹으면 활기를 찾을 것 같은 자신이 좋아하는 음식을 기준으로 해도 좋다.

만약 적군과 조우할 가능성이 크다면 냄새가 나지 않는 음식이 좋다. 물을 가지고 다닐 때 물통이나 페트병에 남아 있는 물이 찰랑찰랑 소리를 내는 경우가 있으므로 주의해야 한다. 물통은 아웃도어용 소프트 타입을 사용하면 남아 있는 물의 양에 맞춰 용기를 구부릴 수 있으니 소리가 나지 않아 좋다. 한 번에 마실 양의 페트병 몇 개를 가지고

소리가 나지 않는 소프트 타입의 물통

전장에서 물통의 물 소리는 오래 전부터 군인들에게 고민이었다. 이럴 때 소프트 타입의 물통을 사용하면 좋다.

다니는 방법도 있다.

스카우트 군인은 일주일 정도의 작전을 수행할 때 음식은 거의 입에 대지 않을 뿐더러 수분도 최소한만 섭취한다. 이렇게 하면 짐을 줄이고 배설 횟수 또한 줄일 수 있다. 그래서 이런 작전을 한 번 하고 나면 10kg 가까이 살이 빠지기도 한다.

| 전장에서의 수면 |

전장에서는 잠을 제대로 잘 수 없다. 아예 수면 시간은 제한적이라고 생각하는 편이 좋다. 하지만 아무래도 수면 부족이 계속되면 판단 능력이 점차 둔해진다. 심지어 잠을 못 자는 상황이 계속 되면 결국에는 '이제 그만 편해지고 싶다'는 생각마저 든다. 편해지고 싶다는 것은, 즉 죽고 싶다는 뜻이다. 수면 부족과 더불어 전장에서의 스트레스로 인해 심신이 쇠약해진 나머지 모든 것을 내려놓고 스스로 죽음을 선택한다.

산에 들어가 사냥 생활을 하는 마타기(일본 도호쿠 지방의 산간에 사는 사냥꾼들)나 넓은 바다에서 고기잡이를 하는 어부들 중 일을 할 때 잠을 자지 않는 사람도 있다. 자연 속으로 들어가 자연과 하나가 되는 상태라면 수면 시간이 적더라도 버틸 수 있도록 인간의 몸이 만들어졌기 때문이라고 생각된다.

자연 속에서 지내다 보면 낮인데도 반은 자는 듯 반은 깨어 있는 듯한 이상한 감각에 휩싸일 때가 있다. 이렇게 되면 밤에 짧게 자도 수면이 충분하다. 낮에 10분 정도 단잠을 자는 것만으로도 힘이 나고 집중력이 회복되기도 한다.

부대의 작전 행동은 수면 부족과의 싸움이기도 하다. 작전 중에는 두 명이 2시간씩 교대로 잠을 청한다. 자고 있는 군인의 옆에 반드시 깨어난 사람을 붙게 한다. 2시간으로 정한 이유는 너무 깊이 잠들어 버

잠꼬대와 코골이에 주의한다

적군이 가까이에 있을 가능성이 있
다면 잠꼬대와 코골이에 주의한다.
전장의 스트레스로 인해 수면 중 큰
비명을 지를 수도 있으니 이 또한 주
의한다.

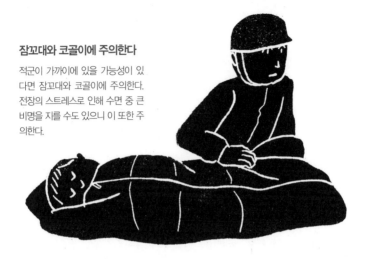

리면 크게 코를 골거나 잠꼬대를 하는 사람이 있기 때문이다. 꿈을 꾸
며 비명을 지르는 군인도 있다. 이는 부대의 안전과도 관련되어 있기
때문에 2시간으로 정해 깊이 잠들지 않도록 한다.

　자고 있는 군인의 옆에 일어난 병사가 붙어 있는 것도 그것을 감시
하기 위해서이다. 때로는 너무 깊이 잠들지 않도록 몸을 쿡쿡 찌르기
도 한다. 스트레스로 비명을 지르는 병사는 몸을 부드럽게 만져준다.
그렇게 하면 안정감을 찾아 차분하게 잘 수 있다.

| 전쟁 시의 화장실 |

아무리 급박한 전쟁 중이라 해도 사람은 배설하지 않고서는 살아갈 수 없다. 미사일이나 폭격으로 인해 하수도가 파괴되거나 정전, 단수가 되면 집에 있는 수세식 화장실은 사용할 수 없다. 단수가 됐을 경우 욕조 물을 사용한다거나 어딘가에서 물을 길어 오면 된다는 생각은 금물이다. 만약의 경우 건물의 배수관이 파괴되면 그곳에서 오물이 새어 나와 일이 더 커질 수 있기 때문이다.

전시가 아니라 지진이 일어났을 경우, 다수의 방재 매뉴얼에 따르면 지진 후 바로 화장실을 사용하는 것은 피해야 한다. 특히 아래층에 오물이 넘쳐버릴 수도 있으므로 주의한다. 이러한 사태를 방지하려면 재해용 간이 화장실을 준비해 두면 가장 좋다. 판매용이 아니더라도 쓰레기봉투에 신문지를 잘게 뜯어 넣으면 화장실로 사용할 수 있다. 혹시 갖고 있다면 전용 응고제를 뿌려두는 방법도 좋다. 또한 고양이 화장실용 모래를 넣어 두는 것도 냄새 제거에 효과적이다. 사용 후에는 쓰레기봉투 입구를 단단히 묶어둔다.

적에게 존재를 알리고 싶지 않은 경우에는 배설물 처리가 골치 아픈 문제가 된다. 배설물은 파묻지 않아야 가장 빨리 분해된다는 실험 결과도 있지만, 그래도 큰 흔적을 남겨 버리게 된다. 이 상황을 피하려면 눈에 띄지 않은 곳에 구멍을 파는 것이 좋다. 그럴 여유가 없다면 배설물을 가지고 이동할 수밖에 없다. 그때는 비닐봉투에 배설한다.

배설 중은 곧 무방비 상태

대소변에 관계없이 볼일을 보는 중에는 무방비 상태가 되기 때문에 빠르게 마쳐야 한다. 사람들에게 주변을 살펴봐달라고 하면 좋다.

또한 볼일을 보는 동안은 사람이 가장 무방비 상태가 되는 시간이다. 물론 눈에 띄지 않는 장소에서 배설하고 싶겠지만 다른 사람에게 주위를 살피도록 하고 신속하게 일을 마쳐야 한다. 당연히 볼일을 보는 중간에 공격을 받는 것은 싫을 테니 말이다.

스카우트 군인이 임무를 수행할 때는 화장실 볼일을 참는 것이 기본이다. 그 행위 자체가 위험하고 냄새도 나기 때문이다.

│ 구조를 요청하는 방법 │

자신이나 가족이 다쳐서 움직이지 못할 때 아군이나 의료진이 근처에 있다면 존재를 알리고 구조를 요청해야 한다. 어딘지 모를 곳에 낙오되어 상공에 있는 헬기에 도움을 요청해야 할 경우도 있다. 그럴 때 자신의 존재를 상대에게 알리는 방법이 바로 '신호'이다. 적군에게도 존재가 알려질 우려가 있으므로 상황에 따라서는 위험한 행위가 될 수 있지만 만일의 경우에는 필요한 기술이기도 하다.

신호는 시각을 이용하는 방법과 소리를 이용하는 방법이 있다. 시각적인 것은 시야가 트여 있지 않으면 보이지 않고, 소리에 의한 것은 소리가 닿지 않으면 의미가 없다. 상대가 자동차나 헬기에 타고 있으면 상당히 큰 소리를 내야만 자신의 소리가 들릴 것이다. 시각적인 것과 소리에 의한 것, 각각의 특징을 감안하여 적절하게 구사해야 한다.

시각적 방법 중 대표적인 것은 바로 거울을 사용하는 방법이다. 특히 해가 떠 있으면 가장 눈에 잘 띌 수 있다. 전용 거울을 사용하는 것이 효율적이지만 조금만 연습하면 일반 손거울로도 신호를 보낼 수 있다. 방법은 다음과 같다. 먼저 한 손의 손가락으로 V자를 만든다. 신호를 보내고 싶은 상대, 예를 들어 헬기를 향해 손가락을 조준하고 반사광의 각도를 조절한다.

거울은 야간이나 태양광이 약한 날씨에 사용할 수 없으므로 이런 경우에는 라이트나 모닥불 등 빛을 내는 것을 사용해야 한다. 소리에 의

소리나 빛으로 자신의 존재를 알린다

자신의 존재를 멀리 있는 상대에게 알리기 위해 소리나 빛을 이용한다. 두 방법 모두 장단점이 있기 때문에 상황에 맞게 구분해야 한다.

한 신호는 호루라기가 좋다. 없으면 주위의 물건을 두드리는 방법도 있다. 이 경우에는 금속으로 내는 소리처럼 자연계에 없는 소리를 내면 상대에게 도달하기 더 쉽다.

　소리의 신호는 밤낮 관계없이 사용할 수 있지만 시각적인 신호에 비해 자신의 위치를 정확히 하나의 핀 포인트로 전하는 것이 어렵다. 따라서 상대의 위치를 인식하지 못하는 경우 호루라기 등으로 소리를 내고 구조대가 가까이 왔을 때 시각적 신호로 전환하면 된다. 부상으로 인해 의식이 잃어가고 있을 때는 라디오를 켜두는 방법도 있다.

마치며

가장 위험한 적진 후방, 분쟁 지역, 위험 지역 등 생명을 위협하는 지역이 주요 전장인 잠입 부대에 필요한 기술은 관찰력, 통찰력, 인식 능력 등의 감각이다. 그들이 주축이 되어 위장 능력(주변 상황에 융화되어 기색을 감춘다), 추적 능력(흔적을 발견하고 분석한다), 생존 능력(생존자활), 전투 능력(호신술) 등 실증적인 수완이 필요하다. 그리고 그 힘을 최대한 발휘하기 위해서는 결단력과 행동력이 필수적이고, 그 결단력은 용기와 책임감이 따르고 믿음과 인내력이 요구된다.

그것은 군인과 민간인이 크게 다르지 않다.

잠입 부대 임무의 주된 목적은 정보를 가지고 돌아오는 것이다. 적진 후방에 잠입하여 어둠을 방패 삼아 숨기고 그림자를 두른 채로 그림자 속을 이동한다. 위장(시각적 요소, 청각적 요소, 후각적 요소)을 의식하면서 잠복하여 적의 정보를 수집한다. 수집한 정보는 대상 지역 주변의 지형과 출입하는 사람, 물자의 교류, 생활 리듬, 장비나 복장 등 다방면에 걸쳐 시간대의 변화에 따라 세밀하게 조사한다.

낮에는 주간, 밤에는 야간 상황을 통찰하고 인식함에 따라 대상 지역의 빈틈이나 약점 등을 찾아내서 잠입한 후 활동 지역을 확대해나간다. 만약 주위를 통제하에 둘 수 없는 상황이라면 절대로 무리한 행동을 해서는 안 된다. 어려운 문제에 직면하면 일단 상황을 보고 경우에 따라서 이탈을 고려할 둘 필요가 있다.

그 후 수집된 정보를 기반으로 대상 영역의 세부 묘사와 여러 가지 정보를 다각적으로 분석 및 공략하여 시뮬레이션을 한다. 잠입을 할 때는 첫 번째 에너지 보존, 두 번째 공포심 극복법, 세 번째 각오, 이 3가지가 필요하다.

첫 번째, 에너지 보존은 모든 것을 자신의 통제하에 두면 가능해진다. 신체의 에너지 보존을 위해 평소에 체력의 한계를 알아두는 것이 필수이며 작전 행동 중에도 그것을 기준으로 한다.

신체적 에너지 보존보다 더 중요한 것은 바로 심적 에너지 보존과 균형 유지이다. 잠입을 할 때는 긴박한 상황에서 상상을 초월한 스트레스를 받게 된다. 이로 인해 마음의 에너지가 소모되고 상처를 입게 되는데, 이는 신체 에너지도 함께 빼앗아버리는 결과를 초래한다. 패닉이나 카운터 패닉(움직이지 않고 정지하는 것)에 빠지지 않으려면 생각과 판단력을 잃지 않도록 평소에 단단히 준비를 해두어야 한다.

두 번째는 공포심을 극복하는 법이다. 우선 공포심에는 여러 가지 요소와 요인이 있다. 특히 작전 중에는 정체를 알 수 없는 불가해한 긴장감에 휩싸이는 존재로부터 감각을 느낄 수 있다. 이 감각이 부정적인 긴장으로 이어지고 위협으로 느껴지는데도 대상의 존재가 무엇인지 알 수 없기 때문에 위협이 증폭되어 공포심이 생긴다. 그것과 마주하려면 대상의 존재 유무를 확인한 후 시각적으로 인식하고 공포의 정체를 파악해서 공포심을 긍정적인 긴장감으로 바꾼다. 부정적인 긴장 상태, 즉 나쁜 공포심에 빠지면 심박수가 상승하고 발한, 호흡 곤란과 함께 몸이 떨린다. 뿐만 아니라 면역력, 판단력, 결단력, 능동성, 오감이 떨어지는 현상까지 나타난다. 반면 긍정적인 긴장 상태, 즉 공포심을 좋게 받아들이면 행동이 보다 신중해지고 반사신경이 예민해진다. 또한 위협에 대한 주의력이 높아지고 역경을 견딜 수 있는 능력이 향상되어 낙관적으로 받아들임으로써 긴장 자체를 의식적으로 무기로 삼을 수 있다. 그렇게 되면 냉정하게 판단하고 정확하게 행동할 수 있다.

마지막은 '각오'다. 최후의 순간에는 싸움을 시작할지 말지 충분히 고민하고 결단해야 한다. 확실히 자신이 우위인 상황이나 조건이 갖춰져 있는 경우라고 생각될 때만 행동한다. 이때 무언가를 하기로 마음을 먹었다면 철두철미하게 해내야 하고 그와 동시에 그 행동의 결과에 따른 책임을 기억해야 한다. 무엇을 하든, 자신이 왜 그 일을 하려고 했는지 인지하고 불확실하거나 판단에 의심이 생겨도 후회 없이 오로지 '수행'해야 한다. 어차피 같은 에너지를 사용한다면 부정적인 방향이 아닌 긍정적인 방향으로 에너지를 사용해야 한다. 그리고 일이 돌아가는 상황을 우연에 맡길 게 아니라 자기 인식과 불굴의 의지를 가지고 일어난 결과를 마주대하는 것이 필요하다. 항상 염두해야 할 것은 각오를 하고 그 마음에 깃드는 위험성과 정신에 자리한 도덕성의 균형을 유지하는 것이다. 지금 이 순간에도 테러의 위협은 잠재되어 있고, 분쟁 지역과 위험 지역에서는 군인과 민간인들이 냉엄한 현실과 마주하고 있다. 그런 상황에서 도전하는 그들의 태도나 대책, 생활 방법 등 다양한 경험들은 유사시 우리에게 지침이 된다.

특수한 임무에 종사하는 군인뿐만 아니라 민간인에게도 관찰력, 통찰력, 인식력이 필요하다. 또한 위장능력, 추적능력, 생존능력, 전투능력의 중요성을 인지하고 그에 따른 에너지 유지, 공포심 극복, 각오의 필요성을 강하게 의식하고 있어야 한다. 이로써 스스로 심신의 균형을 컨트롤하면 빛이 보인다.

유사시에는 오로지 눈앞에 닥친 해야 할 일에 집중하고 확실하게 그것을 성취해 나갈 필요가 있다. 과도한 기대는 하지 말아야 하되 결코 포기해서는 안 된다. 지금 이 순간을 살아야겠다는 생각만 하고 내일로 나아가길 바란다.

동료를 위해, 가족을 위해, 자신을 위해….

2019년 5월 11일
S&OUTCOMES 대원 S

감역자의 글

안녕하세요, 감역 작업을 맡은 이범천입니다.

네이버 블로그에서 Poilu라는 닉네임으로 글이나 군사에 관련된 글을 적는 활동을 주로 하고 있는 사람입니다. 계기는 정말 우연이었지만 개인적으로 가장 관심을 가지는 분야에 대한 작업을 할 수 있다는 점에 주저 없이 바로 담당자 분에게 연락을 드렸고 이 자리를 빌어서 글을 적게 되었습니다.

첫 작업이라 그런지 개인적으로 잘 해낼 수 있을까? 한편으로는 어떠한 내용이 있을까 기대와 두려움이라는 두 감정이 공존하였습니다. 실제로 원고를 받았을 때 그 기분은 말로 표현하기 어려울 정도로 꽤 두근거렸으며 보다 정확하고 나은 작업을 위해 여러 번 정독을 했던 기억이 떠오릅니다.

"평화를 원한다면, 전쟁을 준비하라(Si vis pacem, Para bellum)"

로마 귀족인 푸블리우스 플라비우스 베게티우스 레나투스가 쇠락해 가고 있던 로마군을 개선하기 위해 저술한 군사학 논고(De Re

Militari)의 원문에 나온 말입니다.

이 책은 제목에서 보듯 〈민간인을 위한 전쟁대비 행동 매뉴얼〉, 즉 전시상황 속에서 민간인들의 생존방법들을 서술해 놓은 책입니다. 인류는 탄생과 함께 크고 작건 끊임없이 전쟁을 치렀으며 시대가 지날수록 점차 무기와 전술들이 발달하고 그 만큼 피해가 커지게 되었습니다.

영국 출신 SF장르의 아버지인 하버트 조지 웰스는 제1차 세계대전을 두고 "모든 전쟁을 끝낼 전쟁(The war to end all war)"이라 칭했으나, 20년 뒤 제2차 세계대전이 발발했고 종막에는 인류 최초이자 최후의 핵폭탄이 일본 히로시마와 나가사키에 투하되었습니다.

미국과 소련의 냉전을 거치며 현대 21세기의 병기와 전략은 아주 파괴적이고 정밀하기로 유명합니다. 또한 모든 전쟁에서 그렇듯 적군에 의해 점령된 점령지의 주민들 삶은 많은 위험에 노출되어 있으며 실제로 현대의 전쟁들이 보인 점령지 정책은 법과 사회의 붕괴, 여러 범죄에 노출되었고 주민들 또한 희생되었습니다. 이 책은 전쟁이라는 절망적인 상황 속에서 개인과 가족들이 보다 안전하게 생존할 수 있는 수칙과 도구들에 대하여 수록하고 있습니다.

한국은 특수한 환경에 처해 있지만 꽤 평화로운 편에 속합니다. 그렇다고 언제 다시 전시상황이 될지 어느 누구도 모르는 일입니다. 전쟁은 비단 정치인들과 군인들만 준비하는 것이 아니라고 저는 생각합니다. 분명 전시 상황이 되면 대부분의 사람들은 법에 의거하여 지정된 의무를 다 하기 위해 각자의 자리로 갈 것이며 전쟁 수행을 위해 각종 물자들이 군에 의해 징발될 것입니다.

그때 가서 준비를 하기에는 많은 사람들이 자신들의 생존을 위해 남아있는 물자들을 얻기 위해 치열하게 경쟁을 할 거라 생각됩니다. 그렇기 때문에 늘 평화가 영원히 지속될 거라는 너무 낙관론적인 생각보다 조금씩 물자를 비축하며 만약 전시 상황이 벌어지면 어떤 방법으로 생존을 위한 전략을 짜야 할지에 대해 생각해야 합니다.

하지만 무엇을 어떻게 준비해야 하며 어떻게 생존해야 할지에 대해서 특수한 직업에 종사하고 있거나 원래 이런 분야에 관심이 많은 사람이 아니고서는 어려울 것입니다. 혹여 이러한 상황을 미리 미리 준비하고자 하시는 분들은 이 책의 초반 파트를 많이 참고하시면 될 거 같습니다.

운이 좋게 전략과 물자들이 마련되었고 선전포고와 함께 전쟁이 일어났을 경우 위험도 엄청 높아지고 사람들의 인간성과 이성은 이런 상황 속에서 곧잘 파괴되기 때문에 무슨 일이 일어날지 모르는 일입니다. 평시 상황에는 대부분 말을 통해서 해결이 가능하지만 전시상황에서 말이 통해 해결할 가능성은 평시보다 더 지극히 낮을 것입니다.

또한 전투 지역은 말 그대로 아비규환입니다. 보병들이 사용하는 각종 소화기부터 각종 화포와 미사일이 날아다니게 될 것입니다. 아무리 현대 의학과 과학 기술력이 발달했다고 하지만 사람을 지키는 데 한계가 있습니다. 그 만큼 현대화기는 살상력이 뛰어나기 때문입니다.

매뉴얼에서는 항공기, 함정, 기갑차량, 보병, 가장 치명적인 핵무기에 대한 대응 방법이 상세히 서술되어 있으며 또한 상황에 따라 각종 총기에 대한 사용 방법에 대해서도 언급하고 있습니다. 비록 무기가 아무리 정밀하고 파괴적이어도 인간이 만들었기 때문에 방법만 알고 있으면 부상을 최소화 시킬 수 있고 생존율을 조금 더 높일 수 있다고 저는 생각합니다.

전쟁을 대비하기 위한 매뉴얼이지만 저는 개인적으로 이 책이 재난 상황에도 유용하게 써먹을 수 있다고 생각합니다. 분위기는 다르긴 하지만 전시상황이건 천재지변으로 인해 살아남아야 하는 것은 공통된 목표라 저는 생각하고 있습니다.

마지막으로 이 책을 구매하고 저의 후기를 읽어주시는 독자분들에게도 감사의 인사를 전하고 싶습니다.

저 혼자의 힘으로 막히는 부분도 많았기 때문에 정보를 열심히 찾았으며 그래도 부족하거나 애매한 부분은 블로거인 이재욱 님과 한재호 님에게 도움을 받아 작업을 무사히 완료할 수 있었습니다. 늦은 시간에도 저에게 큰 도움을 주신 이재욱 님과 한재호 님, 그리고 이번 감역 작업을 맡겨주신 성안당 편집부와 이 책의 제작에 관계한 모든 분들에게 이 자리를 빌려 감사의 말씀을 전합니다.

이범천

민간인을 위한

전쟁대비행동매뉴얼

2021. 6. 10. 초 판 1쇄 인쇄
2021. 6. 17. 초 판 1쇄 발행

지은이 | (주)S&T OUTCOMES, 가와구치 타쿠
감 역 | 이범천
옮긴이 | 황명희
펴낸이 | 이종춘
펴낸곳 | **BM** ㈜도서출판 **성안당**

주소 | 04032 서울시 마포구 양화로 127 첨단빌딩 3층(출판기획 R&D 센터)
10881 경기도 파주시 문발로 112 파주 출판 문화도시(제작 및 물류)
전화 | 02) 3142-0036
031) 950-6300
팩스 | 031) 955-0510
등록 | 1973. 2. 1. 제406-2005-000046호
출판사 홈페이지 | www.cyber.co.kr
ISBN | 978-89-315-5735-0 (13590)
정가 | 15,000원

이 책을 만든 사람들
책임 | 최옥현
진행 | 김혜숙
교정 · 교열 | 정다운
본문 · 표지 디자인 | 이대범
홍보 | 김계향, 유미나, 서세원
국제부 | 이선민, 조혜란, 김혜숙
마케팅 | 구본철, 차정욱, 나진호, 이동후, 강호묵
마케팅 지원 | 장상범, 박지연
제작 | 김유석

원서_ 편집 | 하라 다이치, 표지 | 구사나기 노부유키, 일러스트 | 사사키 사키코, 교정 | 고시코 유지

이 책의 어느 부분도 저작권자나 **BM** ㈜도서출판 **성안당** 발행인의 승인 문서 없이 일부 또는 전부를 사진 복사나 디스크 복사 및 기타 정보 재생 시스템을 비롯하여 현재 알려지거나 향후 발명될 어떤 전기적, 기계적 또는 다른 수단을 통해 복사하거나 재생하거나 이용할 수 없음.

▪ **도서 A/S 안내**

성안당에서 발행하는 모든 도서는 저자와 출판사, 그리고 독자가 함께 만들어 나갑니다.
좋은 책을 펴내기 위해 많은 노력을 기울이고 있습니다. 혹시라도 내용상의 오류나 오탈자 등이 발견되면 "좋은 책은 나라의 보배"로서 우리 모두가 함께 만들어 간다는 마음으로 연락주시기 바랍니다. 수정 보완하여 더 나은 책이 되도록 최선을 다하겠습니다.
성안당은 늘 독자 여러분들의 소중한 의견을 기다리고 있습니다. 좋은 의견을 보내주시는 분께는 성안당 쇼핑몰의 포인트(3,000포인트)를 적립해 드립니다.
잘못 만들어진 책이나 부록 등이 파손된 경우에는 교환해 드립니다.